# Zuhause unter freiem Himmel

Dekorative Ideen im Flohmarkt-Stil für
Gartenhaus, Pavillon und andere Lieblingsplätze


*Rikke Larsen*
Honning og Flora


Fotos: Tia Borgsmidt und Rikke Larsen


Lifestyle
BUSSE
SEEWALD

# Inhalt

150

196

226

# Vorwort

Mit diesem Buch möchte ich Ihnen zeigen, wie man mit wiederverwerteten Materialien einen stimmungsvollen Garten und gemütliche Außenräume schaffen kann und so das Potenzial des Gartens vollends ausschöpft.
Als „Appetizer" präsentiere Ihnen zunächst diverse Fotos von Flohmärkten und Trödelläden verschiedener europäischer Länder unter dem Motto: Für den einen Schrott, für den anderen ein Schatz.
Anschließend stelle ich Ihnen verschiedene Gartenhäuschen, ein Teehaus und eine Orangerie, die allesamt aus gebrauchten Materialien hergestellt sind, sowie kreative Menschen vor, die in ihren Gärten aus alten Türen und Fenstern wunderschöne Häuschen geschaffen haben. Eingerichtet sind sie ausnahmslos schlicht und sehr stilvoll. Mit solch gemütlichen, einzigartigen Rückzugsmöglichkeiten kann man den Sommer im eigenen Garten verlängern und sich vom Stress des Alltags erholen.
Was die vorgestellten Projekte verbindet, ist die Verwendung von gebrauchten Materialien mit dem Charme der Natürlichkeit, wie einem alten Zaun, alten Möbeln, einer Holzleiter oder alten Kisten und Kübeln. Alles Dinge, die ein anderer fortgeworfen hat und die nun zu neuem Leben erwachen.
Ich hoffe, Sie mit meinem Buch zur Wiederverwertung alter Dinge anregen zu können, und wünsche Ihnen viele schöne Stunden mit Ihrer Familie und Ihren Freunden in liebevoll eingerichteten Außenbereichen.
Betrachten Sie auch Ihren Garten als einen Raum, in dem Sie sich kreativ ausleben können!

Gehen Sie auf Schatzsuche und
kreieren Sie Ihren eigenen Stil!

95

95

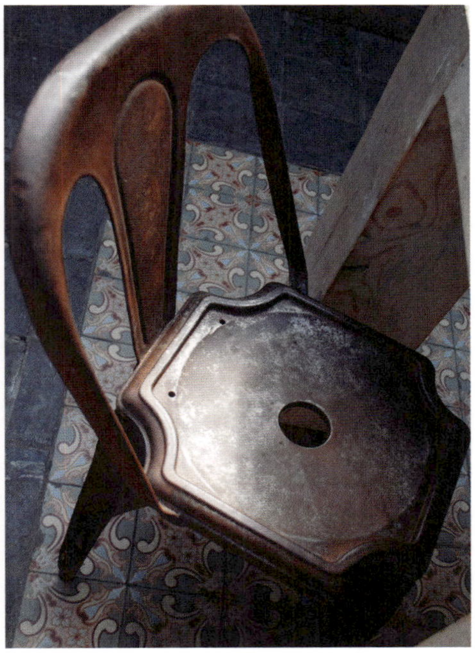

# Gartengestaltung mit kreativen Details

Der erste Teil des Buches ist schönen Fundstücken vom Land gewidmet, die u. a. aus den Niederlanden, Belgien, Frankreich und Italien stammen, und die für die Einrichtung von Gartenhäuschen oder anderen schönen Fleckchen in der Natur ideal sind.
Am besten gefällt mir an der Einrichtung mit alten Schätzen der Recyclinggedanke. Man umgibt sich mit Dingen, die einzigartig sind und auch die eigene Persönlichkeit widerspiegeln, und tut gleichzeitig etwas für die Umwelt. Die Fundstücke haben ihre eigene Geschichte und sind Zeugen einer bestimmten Weltsicht oder Lebenseinstellung. Zudem strahlen sie Gemütlichkeit und Ruhe aus.
Bei Trödlern oder auf Flohmärkten kann man so manchen Fund für den Garten, das Gewächshaus oder die Orangerie machen. Ein schöner Stuhl, ein hübsches Fenster, alte Fliesen oder eine attraktive alte Tür sind immer irgendwo zu haben. Gehen Sie also auf Schatzsuche nach den passenden Materialien für Ihr nächstes Projekt! Wichtig ist dabei, praktisch zu denken und etwas zu finden, das zugleich funktional ist und eine schöne Stimmung schafft. Falls Sie unsicher sind, versuchen Sie sich vor Ihrem inneren Auge vorzustellen, wie das Objekt bei Ihnen wirken würde. Das klappt fast immer. Notieren Sie in einer Liste, was in Ihrem Garten oder Gartenhäuschen fehlt, damit Sie planvoll und gezielt suchen können. So laufen Sie nicht Gefahr, irgendetwas Unbrauchbares einzukaufen. Vielleicht finden Sie nicht auf Anhieb das Richtige, doch am nächsten Wochenende auf einem anderen Markt werden Sie sicher fündig.

FOURRURES
BY Belgium
READ'S
SANTE

# Ideen für eine entspannte Atmosphäre im Freien

Sie müssen um die Ecke denken! Ein Vogelhäuschen könnte man vielleicht für Pflanzen nutzen, und im Pavillon einen alten Kronleuchter über einem schönen Tisch mit unterschiedlichen Stühlen anbringen. Es darf ruhig etwas schräg wirken, Hauptsache, es ist gemütlich!

Dinge mit einem Makel oder mit Patina erzählen die Geschichte ihrer vorherigen Eigentümer und haben damit einen besonderen Charme. Das Schönste am Flohmarktbesuch ist für mich, dass ich nie weiß, womit ich nach Hause komme – es ist wie eine Schatzsuche. Oft ist mir erst an Ort und Stelle klar, wonach ich diesmal für den Laden Ausschau halten werde. Ich gehe aber nicht vollkommen planlos vor, sondern wähle Dinge nach ihrer Farbe oder ihrer Patina aus. Ich achte zudem stets auf Kombinationsmöglichkeiten. Wenn ich beispielsweise eine alte Industrielampe finde, suche ich auch nach einem passenden Industriehocker oder -stuhl. Und natürlich ist die jeweilige Saison wichtig. Wenn ich für die Gartensaison einkaufe, suche ich nach klaren Farben und nach Dingen, die gut im Freien oder im Gartenhaus platziert werden können. Im Winter oder in der Weihnachtszeit schätze ich natürliche, grüne Dinge. Im Vordergrund steht für mich, stets eine stilvolle Atmosphäre zu schaffen.

Ideal für den Garten sind Möbel aus Metall, Korb oder Holz. Wenn diese leicht rostig, verblichen und verschlissen sind – umso besser. Ein mit alten Schätzen eingerichteter Garten wirkt nie steif und ist immer auf eine angenehme Weise unkonventionell. Stellen Sie einen hübschen alten Stuhl unter Ihren Apfelbaum und genießen Sie dort mit einem Strohhut auf dem Kopf die wohlverdiente Pause von der Gartenarbeit.

# Alte Fenster und Türen

Viele Dinge entwickeln deutlich mehr Charme und Seele, wenn sie einige Jahre Wind und Wetter ausgesetzt waren. Alte Fenster, Fensterläden und Türen lassen sich dann in die schönsten Gewächshäuser, Orangerien und Wintergärten verwandeln. Sicher findet sich auch in Ihrem Garten irgendein Schuppen, der auf eine kreative Weise umgebaut oder auch neu gebaut werden kann. Setzen Sie beispielsweise ein altes Fenster ein oder ersetzen Sie die Tür durch eine alte Sprossentür; wählen Sie einfach Gegenstände mit Stil, Charme und Seele aus. Es gibt unendliche viele alte Dinge ringsumher, die nur darauf warten, wiederentdeckt zu werden.

# Alte Stühle und Tische wiederverwerten

Alte Stühle und Tische gibt es in diversen Formen und Größen, und sie sind perfekt für die Nutzung im Garten. Viele würden sie sicher sofort anstreichen oder reparieren, ich aber finde sie im Originalzustand am schönsten. Alte Stühle findet man beim Trödler meist stapelweise und aus allen Epochen. Vor dem Kauf sollten Sie auf jeden Fall probesitzen und schauen, ob der Stuhl den angedachten Zweck erfüllen kann. Falls er zwar schön, jedoch vollkommen unbequem ist, lassen Sie ihn besser stehen. Schließlich sollen Sie sich auf ihm ja entspannen können. Vielleicht genügt aber schon ein Sitzkissen, um ihn perfekt zu machen. Das Tolle an Caféstühlen ist, dass man sie übereinanderstapeln und somit den Winter über gut lagern kann. Lassen Sie sich auch von einer alten Sprossenbank mit gebrochenem Bein nicht abschrecken: Beine absägen, die Bank an Seilen in einen Baum hängen, und schon haben Sie die perfekte Hollywoodschaukel für laue Sommerabende.

BRATTON CLOVELLY
2 BRIDESTOWE
11½ TAVISTOCK
OKEHAMPTON
MELOX
DOG
FOODS
WAY

# Echte Schätze

Wenn Sie im Ausland auf Flohmärkten fündig geworden sind und das Auto zu klein ist, sollten Sie mit einem Spediteur einen günstigen Preis aushandeln. Anschließend können Sie hemmungslos auf die Jagd gehen.

Preise bei Trödelhändlern fallen oft sehr unterschiedlich aus. Wenn man alles, was man kaufen möchte, in einem Stapel zusammenstellt, bekommt man häufig einen günstigeren Preis. Falls nicht, tun Sie einfach so, als ob Sie gehen wollten, dann wendet sich oft das Blatt. Wenn meine Mutter und ich erwähnen, dass wir selbst einen Laden besitzen, kommt der Rabatt oft wie von selbst. Man hat ja etwas gemeinsam! Bevor man zuschlägt, sollte man sich Gedanken darüber machen, ob und wie man das Objekt gebrauchen kann, damit es am Ende nicht nur ungenutzt in der Ecke steht. Egal, wohin ich reise – ich halte stets Ausschau nach alten Dingen. Irgendwie stößt man immer irgendwo auf einen Flohmarkt oder einen Trödler – halten Sie während der Autofahrt einfach die Augen offen! Erkundigen Sie sich zudem vor Ihrer Reise im Reisebüro, ob es in der Umgebung Märkte oder Trödler gibt. Wir fragen auch oft in der Touristeninformation vor Ort nach kleinen lokalen Märkten.

Meine beiden Töchter haben inzwischen ebenfalls viel Spaß beim Aufspüren von Schätzen – und dabei eine gute Nase!

REGILAIT
instantané

## Flohmarktphilosophie

# Wissenswertes für Flohmarktbesuche

Beherzigen Sie bei Flohmarktbesuchen folgende Dinge:

Der frühe Vogel fängt den Wurm! Seien Sie lange vor Marktbeginn an Ort und Stelle, denn es gilt, beim Auspacken dabei zu sein. Und ziehen Sie keine zu feine Kleidung an – man wird schnell schmutzig.

Etwas zu essen und zu trinken nicht vergessen!

Gute Schuhe sind wichtig, da man auf großen Märkten viele Kilometer zurücklegt.

Nehmen Sie einen kleinen Rucksack, einen Bollerwagen oder auch den Einkaufstrolley von Oma mit.

Bargeld einstecken (Scheine und Münzen). Nichts nervt mehr, als etwas kaufen zu wollen, zuerst aber zu einem kilometerweit entfernten Bankautomaten fahren zu müssen.

Das Geld an einem sicheren Ort verstauen, zum Beispiel in einem Brustbeutel oder einer Gürteltasche. Es ist wichtig, beide Hände frei zu haben, um die Objekte der Begierde anheben und begutachten zu können.

Suchen Sie gezielt und entscheiden Sie im Vorfeld, was Sie eigentlich für welchen Raum brauchen.

Oft bekommt man Dinge günstiger, wenn man an einem Stand gleich mehrmals zuschlägt.

Vergleichen Sie die Preise der einzelnen Stände. Leute, die gerade ausgemistet haben und die Dinge loswerden möchten, lassen sich leichter herunterhandeln als professionelle Trödler. Verschaffen Sie sich einen Überblick und besuchen Sie zunächst die Gelegenheitströdler. An den Ständen ist leicht zu erkennen, wer ein Professioneller ist und wer nicht.

Falls Sie große oder sehr viele Dinge gekauft haben, sollten Sie am Stand fragen, ob Sie sie dort eine Weile abstellen dürfen. Es nervt, die Jagd unterbrechen zu müssen, um Dinge ins Auto zu packen.

Ich wünsche Ihnen viel Spaß auf der Suche nach Fundstücken, die einmal ausgiebig genutzt und geliebt worden sind, Dingen mit Seele, Charme und vielleicht auch Makeln, aussortierten Gegenständen, die bei Ihnen zu einem neuem Leben erwachen.

# *Sommerliches* HÜHNCHENSANDWICH
# GUT FÜR UNTERWEGS *oder auf dem Flohmarkt*

½ l lauwarme Milch, 1 Päckchen frische Hefe, 2 EL Olivenöl und 2 TL Rohrzucker verrühren und etwa 20 Minuten vorgehen lassen. Ein wenig grobes Salz und peu à peu etwa 1 kg Mehl unterrühren, bis ein knetbarer Teig entsteht. Zu Brötchen in Sandwichgröße formen und auf einem mit Backpapier ausgelegten Backblech etwa 1 Stunde gehen lassen. Die Brötchen mit etwas Öl beträufeln und mit grobem Salz bestreuen. Im auf 175 °C vorgeheizten Backofen etwa ½ Stunde goldbraun backen.

## Füllung

Avocadoscheiben, Kirschtomaten, Salatblätter, gebratene Hähnchenbruststreifen, gute Mayonnaise mit etwas Zitronensaft.

Pikanter wird das Hähnchenfleisch, wenn es vor dem Braten in einer Marinade aus dem Saft von ½ Zitrone, 1 EL Dijonsenf und je etwa 1 EL Sojasoße und Honig eingelegt wird.

# Außenbereiche

Besitzer eines Wintergartens, einer Orangerie, eines Teehauses oder einer überdachten Terrasse können sich glücklich schätzen, denn sie können auch bei schlechtem Wetter draußen sitzen. Man ist vor Wind und Wetter geschützt und kann die ersten Sonnenstrahlen des Frühjahrs oder auch unbeständige Herbsttage in vollen Zügen genießen. So lässt sich die Zeit im Freien quasi verlängern.

Die meisten von uns plagt ein stressiger Alltag, und daher ist es umso wertvoller, sich im Garten gemütliche Rückzugsorte zu schaffen, an denen man die Seele baumeln lassen kann. In der Natur kann man frische Energie für Geist und Körper auftanken kann. Es ist wichtig, dort jeden einzelnen Augenblick ganz bewusst zu genießen.

Auch wenn es nur ein alter Holzschuppen ist – verleihen Sie ihm neues Leben und stellen Sie einen Tisch mit Stühlen, einer Bank und vielen Decken und Kissen hinein. Dort lässt es sich an einem heißen Sommertag gut aushalten, und vielleicht gibt es sogar noch Platz, um eine Hängematte für das Mittagsschläfchen zu befestigen.

Ebenso wie man Gartenmöbel im Haus nutzen kann, lassen sich Möbel für den Innenraum auch draußen einsetzen. Lassen Sie sich vom Flair des Südens inspirieren, und verwandeln Sie einen Schuppen, einen Bauwagen, eine Pergola oder einen Toreingang in eine lauschige Oase.

# Kleine Oasen im Garten

Verleihen Sie Ihren Außenbereichen mit Farben und Strukturen Charakter. Geeignet sind Pflanzen, Steine, Fliesen, Kübel und Wannen, mit denen man den Garten in einzelne Oasen und Räume aufteilen kann. Wer bereits ein Gewächshaus sein Eigen nennt, kann im selben Teil des Gartens Pflanzkisten für Gemüse aufstellen, wie im Bild links gezeigt. Wählen Sie Pflanzen, die im Stil zu Ihrem Gesamtkonzept passen. Hier sind zum Beispiel zwei Becken mit Seerosen bepflanzt worden. Davor stehen Reihen mit rosa und weiß blühenden Stauden – passend zum Farbton der Seerosen, die zu einer schnell wachsenden Sorte gehören.

Auf dem Bild auf Seite 28 ist der Rhabarber zu einer kleinen Hecke zusammengewachsen.
Das Bild oben links zeigt eine Terrasse, die mit dem Dach eines italienischen Gebäudes überdacht wurde. Die alte Zinkbadewanne inmitten des Staudenbeets im Bild unten rechts hebt die Blumen regelrecht hervor. Man braucht also nicht viel, man muss nur wollen und den Charme der nicht ganz so perfekten Dinge erkennen.
Übertreiben sollte man jedoch nicht, sonst wirkt Ihr Garten irgendwann wie ein Flohmarkt. Weniger ist hier mehr.

# Garten der Ruhe

Jeder, der einen Garten oder einen Schrebergarten sein Eigen nennt, weiß: Sobald man mit den Fingern in der Erde wühlt, ist alles vergessen – die unaufgeräumte Küche, Rechnungen, die Autoreparatur und all der andere Stress.

Wenn Sie sich im Garten einen neuen Sitzbereich schaffen, sollte dieser mit Bedacht ausgewählt werden. Wie wäre es zum Beispiel mit einer riesigen Hängematte für die ganze Familie zwischen zwei Bäumen? Für die Kinder muss es im Garten kleine Rückzugsorte geben, an denen man genüsslich sein Eis schlecken kann. Es geht einfach darum, eine einladende, harmonische Atmosphäre zu schaffen, in der man den Alltag loslassen und entspannen kann.

In meinem Garten habe ich, wie man auf dem Foto oben sehen kann, zwischen den Bäumen einen Brennholzstapel so aufgeschichtet, dass es fast wie eine Höhle wirkt. Die Hängematte wurde zwischen einem Apfel- und einem Nussbaum gespannt. Wenn die Nüsse reif sind, kann man die Eichhörnchen bei der Jagd nach den leckeren Nüssen beobachten – dazu muss man allerdings ganz still sein.

## DER ULTIMATIVE SOMMERHIT
## *unter freiem Himmel* MIT KALTEM WEISSWEIN

# Gefüllte Hähnchenbrust

Frische Spinatstreifen und frisch geriebenen
Parmesan kurz in ein wenig Olivenöl marinieren.
In die Hähnchenbrüste längs eine Tasche einschneiden
und mit einer Gabel die Spinatmischung einfüllen.
Die Hähnchenbrüste in Olivenöl und etwas Butter beidseitig
goldbraun anbraten und im auf 180 °C vorgeheizten
Backofen etwa 10 Minuten zu Ende garen.
Salzen und pfeffern.

## TIPP

Falls Sie hier Reste haben, können Sie diese in Scheiben
schneiden und zusammen mit guter Mayonnaise und
leckeren Salatblättern in ein Sandwich packen.

# Gartentrends

Ungewöhnliche Gartentrends wie Urban Gardening auf Dachterrassen in der Stadt, Hipster Gardening, Naturgärten, Loungegärten und vieles mehr sind momentan in aller Munde. Für viele Menschen ist ein Ort in der Natur, an dem man seine Energietanks auffüllen kann, sehr wichtig. Auch Kreativräume und Büros werden zunehmend in den Garten verlegt, wo man eins mit der Natur werden und sich inspirieren lassen kann. Viele findige Unternehmen entwickeln gerade kreative Ideen für Außenbereiche, wie mobile Hühnerhäuschen, die an den Geräteschuppen gekoppelt werden können, oder Freiluftbüros mit angegliedertem Gewächshaus. Und immer mehr Menschen bewirtschaften große Gärten in Gemeinschaft.

Zurzeit ist es regelrecht angesagt, ein Gartenfan zu sein. Hugh Fearnley-Whittingstall, einer meiner Lieblingsköche, hat in einer Fernsehsendung zum Beispiel gezeigt, wie man ein Stück Land gemeinsam mit anderen in einen schönen Kräutergarten verwandeln kann und wie man wirklich ökologisch erzeugtes Obst und Gemüse anbaut. Sogar eine Weide für Nutztiere und einen Hühnerstall haben sie dort angelegt. Unkraut fürchtete man nicht, es kam einfach mit in den Topf. Natürlichkeit ist das Zauberwort.
Das Wichtigste im Leben ist doch, dass es unserer Familie und uns als Menschen gut geht. Wir wollen genau wissen, was wir da gerade in unseren Mund stecken – und wir wollen zurück zur Natur.

# Der Naturgarten

Als Erstes möchte ich Ihnen den Naturgarten vorstellen. Es ist ein Garten mit hohen Bäumen, wild wachsenden Büschen und scheinbar zufällig angeordneten Pflanzen, die einfach so wachsen können, wie sie wollen. Hier verläuft alles in ruhigen Bahnen, die Stimmung ist entspannt.
Man legt im Garten Wege wie in den guten alten Ferienhauszeiten an und beherbergt jede Menge Tiere: Käfer, Schmetterlinge, Frösche … Man gräbt Pflanzen aus dem Wald aus und bietet ihnen im Garten ein neues Zuhause. Früchte sind stets reichlich vorhanden, die natürlich lecker eingemacht werden. Hier backt man Kräuterbrötchen mit Brennnesseln, Bärlauch und massenweise Giersch. Die Gartenmöbel sind gemütlich, passen vom Stil her aber nicht unbedingt zusammen. Und es gibt wilde Brombeeren und Himbeeren in Hülle und Fülle. Die Obstbäume wachsen, wie es ihnen beliebt, und die Vögel dürfen sich frei bedienen.
Ein Naturgarten lässt allem und allen seinen Raum und verströmt eine gemütliche Atmosphäre.

# Der verträumte Garten

Der verträumte Garten ist romantisch, wild, urig und üppig. Es gibt verborgene Plätze, alte Schuppen, Hühnerhäuschen, viele kleine Wege, und alles ist erlaubt. Beete mit Wildblumen und Stauden sind angelegt, und vielleicht steht dort auch ein alter Bauwagen, der zum Gästehaus umgebaut wurde.

Essbare Blüten gibt es auch, Hängematten sind zwischen den Bäumen gespannt, und Bänke stehen neben Büschen und Mauern. Viel großmütterliche Gemütlichkeit herrscht hier, und an den Beerenbüschen kann man sich einfach bedienen. Unter dem Birnenbaum steht ein Himmelbett, wattierte Decken und Kissen liegen auf den Stühlen, alles wirkt entspannt, kuschelig und einladend.

Die Atmosphäre im Garten ist ebenso harmonisch wie im Haus. Viele große Obstbäume stehen hier, die teilweise so alt sind, dass sie schon gar keine Früchte mehr tragen. Dann lässt man einfach eine Clematis am Baum emporranken, die die alte Baumskulptur neu belebt. An einem Baum hängt eine Schaukel, an anderen Bäumen hängen Vogelhäuschen und Laternen, die an Sommerabenden ein gemütliches Licht verbreiten.

Hier wird noch Wert auf alte Traditionen gelegt. Marmelade, Brötchen – alles ist selbst gemacht. Der Nachmittagstee wird unter einem Baum, im Wintergarten oder auf der überdachten Terrasse eingenommen. Es gibt ein Bad für Vögel und an heißen Sommertagen eine große Zinkwanne für die Menschen. Oft kommen Freundinnen vorbei, und man macht es sich mit einem guten Buch bequem.

# Hipster Gardening

In den letzten Jahren hat sich die sogenannte Hipsterbewegung formiert, zu der sich junge, kreative Menschen zählen, die nicht nur modemäßig gegen den Strom schwimmen möchten. Hipster Gardening nahm im urbanen Milieu während der Finanzkrise seinen Anfang, und es geht darum, gemeinschaftlich eine gesunde Lebensweise mit selbst angebauten Lebensmitteln voranzutreiben.
Man hält eigene Honigbienen und lädt Freunde und Bekannte zum gemeinsamen Essen an einer langen Tafel ein. Die Stimmung ist entspannt und natürlich, der Tisch leger mit Wiesenblumen gedeckt. Man kocht mit Zutaten, die nicht zuvor vakuumverpackt oder in Folie eingeschweißt waren. Gesund müssen die Dinge sein, nicht ästhetisch. Und bei Gesprächen geht es nicht darum, wer am meisten verdient oder das größte Haus hat, wie noch vor der Krise. Man ist bescheiden und isst frische, biologische Lebensmittel. Man trifft sich in Schrebergärten, einer alten Garage oder einer verlassenen Hütte, jeder hat etwas zu essen und zu trinken dabei – natürlich hausgemacht –, und es gibt frisch gepflückte Beeren. Alles ist locker und informell, und man trinkt guten Wein. Man macht ausgiebige Radtouren in der Natur und sucht im Wald Pilze und Beeren.
Beim Hipster Gardening werden eine alte Holzkiste, eine Tonne oder eine Gemüsekiste als Gemüsebeet verwendet.

# Der Loungegarten

Ein Loungegarten steht unter dem Motto „Laid back". Innen- und Außenbereiche gehen ineinander über, und so wird aus dem Bodenbelag im Haus der Terrassenbelag. Unter der überdachten Terrasse stehen Gartenmöbel und ein riesiger Grill. Auf den großen Matratzen liegt man bequem, und auch die Riesenkissen sind nicht zu verachten. Der Stil im Haus wurde im Außenbereich wieder aufgenommen – mit einem niedrigen Sofa und einem Tisch. Natürlich gibt es hier Wasser in Form eines Pools oder eines Außen-Spas. Die Pflanzen wie Gräser, Bambus, Farne und skulpturales Grün wie Artischocken, Trauben und Auberginen stehen in Kübeln und eckigen Beeten. All dies prägt den Stil des Gartens. Er soll leicht zu pflegen, einfach und stylisch sein. In einem Loungegarten werden Cocktailpartys gefeiert und große Steaks gegrillt. Es werden Freunde eingeladen, und alles ist bis ins kleinste Detail geplant. Die Dinge sind mit Sorgfalt ausgewählt, und der Stil geht eher in Richtung klare Linien.

## *Superknuspriges* ROGGENBAGUETTE
## PERFEKT FÜR DIE BROTZEIT *im Garten*

### Köstlich mit Käse und Wurst

½ l lauwarmes Wasser, 1 Packung frische Hefe,
etwas Salz, 1 Roggenbrotbackmischung, 1 EL brauner Zucker
und etwa 150 g gehackte Walnüsse oder andere Nüsse/Kerne
zu einem Teig verkneten, zu Baguettes formen und
etwa 1 Stunde gehen lassen. Mit etwas Mehl und Salz
bestreuen und im auf 175 °C vorgeheizten Backofen
etwa ½ Stunde goldbraun backen.

# Glashaus mit schwedischem Kachelofen

Palle und Suzanne hatten sich viele Jahre lang ein Glashaus für den Garten gewünscht. Sie besaßen zwar schon ein Alu-Gewächshaus, doch entsprach dieses nicht ganz ihren Wünschen. Nach einem Wasserschaden auf ihrem Grundstück ließen sie die Handwerker, die ja ohnehin den Boden aufreißen mussten, daher auch gleich das Fundament für ein Glashaus ausheben. Die Entscheidung wurde etwas übereilt gefällt, sodass die Maße für das Fundament deshalb eher zufällig gewählt wurden. Giebel und Rückseite ließen sie mauern, nur Dach und Südseite wurden verglast. Auf einer Autofahrt entdeckten sie ein paar an ein Haus gelehnte, schöne alte Fenster. Sie fragten den Besitzer nach den Fenstern, der sie ihnen für eine gute Flasche Rotwein überließ.

Und siehe da: Die Fenster passten perfekt in ihr Häuschen! Sie mussten nur gekittet und einzelne kaputte Fensterscheiben ausgetauscht werden. Für die Mauer- und Putzarbeiten brauchte Palle einige Monate; auch die Dachsparren fräste und hobelte er selbst. Das Häuschen wurde an Wasser und Strom angeschlossen, und um Frostschäden zu vermeiden, richteten sie es so ein, dass sie die Wasserleitungen im Winter leeren können. Einzig beim Zuschneiden und Einsetzen der Glasscheiben im Dach ließen sie sich von einem Glaser helfen.

Bei mehr als sieben Grad minus wird der schwedische Kachelofen angeheizt. Anfangs hatten sie einen runden Ofen installiert, doch auf Suzannes Wunsch hin wurde er in wochenlanger Arbeit durch einen eckigen ausgetauscht.

# Stimmungsvoll eingerichtet

In ihrem „Gewächshaus“ bauen Suzanne und Palle Tomaten, Gurken, Paprika und vieles mehr an.
Suzanne war es jedoch sehr wichtig, auch ihre Schätze vom Flohmarkt unterbringen zu können: Vogelkäfige, alte Kübel, Kannen und einen Tisch mit Stühlen – damit sie hier auch ihren Nachmittagskaffee einnehmen kann. Beide sitzen häufig hier und genießen die Ruhe in dem Glashaus voller alter Dinge. Alle Details wurden liebevoll ausgesucht und platziert.
An Grillabenden stranden sie, sobald es kühler wird, meistens hier und nippen an ihrem Wein.
Natürlich durften auch ein paar Blumen, Kräuter und ein Olivenbaum nicht fehlen – und sie freuen sich schon sehr darauf, wenn die Weinranke in der Ecke die ersten Früchte trägt.
Nächstes Jahr sollen noch Erdbeerpflanzen hinzukommen, damit sie schon früh im Jahr eigene Erdbeeren ernten können.
Das Haus fügt sich wunderbar in den kleinen Garten ein, es ist mit dem alten Waschbecken und den hübschen Korbmöbeln charmant eingerichtet. Das i-Tüpfelchen jedoch ist der Kachelofen, den Palle hier so schön platziert hat.

## Schokomüsli-Cookies

125 g Butter, 4 Eier und 120 g Rohrzucker schaumig aufschlagen. Dann 2 TL Vanillezucker, 100 g gehackte Haselnüsse, 40 g braunen Zucker und 1 TL Salz unterrühren. Etwa 120 g Mehl und 240 g Schokomüsli (oder ein anderes Müsli nach Wahl) untermengen. 1 Tafel Blockschokolade grob in Stücke brechen und unterheben. Wenn der Teig noch mehr Müsli vertragen kann, einfach hinein damit. Ein Backblech mit Backpapier auslegen und den Teig mit einem Esslöffel in kleinen Häufchen darauf verteilen. Ausreichend Abstand halten, da die Cookies beim Backen auseinanderlaufen.

Die Cookies im auf 175 °C vorgeheizten Backofen etwa 10 Minuten backen, bis sie an den Rändern goldbraun werden. Behalten Sie sie im Auge, damit sie nicht verbrennen. Sie sind noch weich, wenn sie aus dem Ofen kommen, werden beim Abkühlen jedoch fest.

# Meine Lieblingsblumen

Storchschnabel, Clematis, Mohn, Rudbeckien, Hortensien, Fingerhut, Duftrosen und Akelei – all diese wunderschönen und pflegeleichten Blumen nenne ich mein Eigen, denn sie erinnern mich an den Garten meiner Großeltern väterlicherseits. Meine „guten alten Großmutterblumen", wie ich sie zu nennen pflege, blühen zu verschiedenen Zeitpunkten und bereichern den Garten von Mai bis September. Sie kommen jedes Jahr aufs Neue und werden dabei immer schöner und schöner.

Wählen Sie die Pflanzen für Ihren Garten nach Farbe, Duft und Größe aus. Wer zum Beispiel ein frei stehendes Staudenbeet anlegen möchte, sollte die Blumen, die am meisten in die Höhe schießen, in die Mitte pflanzen. Bei einem Beet an der Hauswand hingegen sollten die größten ganz hinten stehen: die Rosen an der Mauer, die Hortensien davor und schließlich rosafarbener Lavendel.

Sie haben die freie Wahl! Ich persönlich ordne die Blumen nach Farben an – meine Lieblingsfarben sind Weiß, Rosa und Violett. Ich mische sie eifrig und setze zartgelbe Akzente, beispielsweise mit dem Frauenmantel, der sich gut in Sträußen macht und neben den Blumen äußerst dekorativ wirkt. Zudem habe ich ein paar herrliche Funkienarten, die sich perfekt als Manschette für Blumensträuße eignen.

In meinem Garten stehen überwiegend Stauden, doch ohne ein paar Stiefmütterchen, Elfensporn und Fettblätter geht es nicht. Diese drei einjährigen, sehr blühfreudigen Pflanzen leuchten den ganzen Sommer über aus meinen Zinkwannen.

Stiefmütterchen

Queen of Sweden

Kartoffelrose

Clematis

Akeleien

Rosa Mohn

Rudbeckia

Hortensie

Fingerhut

Ohne viel Geduld läuft beim Gärtnern allerdings gar nichts. Stauden wie Pfingstrosen und Mohn lassen sich Zeit, bevor sie wahre Blütenpracht entfalten, und so vergehen meist ein paar Jahre, bevor alles wirklich schön aussieht. Wer wie ich eher ungeduldig ist, sollte direkt größere Pflanzen kaufen oder Freunde fragen, ob sie ihre Stauden für Sie zerteilen. Es sieht immer toll aus, mehrere Stauden nebeneinander zu pflanzen, allerdings mit ausreichend Abstand, da sie stark in die Breite wachsen.

Ich stehe im Sommer gern ganz früh auf und drehe eine Runde im Garten – einfach nur, um den Anblick der Pflanzen zu genießen und all die tollen Düfte in mich aufzunehmen.

Es ist wichtig, sich an den kleinen Dingen zu erfreuen und sich für den langen kalten Winter mit schönen Erinnerungen einzudecken. Ich liebe diese besondere Stimmung nach Regen, wenn Wassertropfen Blätter und Knospen benetzen und die Knospen kurz vor dem Aufblühen sind. Ich mag die harmonischen Farben und die verschiedenen Formen von Knospen und Blüten.

Die Farbe Weiß schätze ich im Garten für ihre Reinheit; Blau mag ich, da es für Himmel und Meer steht. Violett symbolisiert Tiefe und Anmut, Grün bedeutet für mich Fruchtbarkeit und Fröhlichkeit, und Pink und Rosa sind im Garten für die Kontraste zuständig.

Ein tolles Erlebnis ist es auch, wenn sich die doppelten Blüten meines Flieders öffnen. Der Duft ist betörend und verteilt sich im gesamten Garten. Zudem habe ich viele Rosen in Rosatönen, deren Duft unterschiedlich stark ist.

Jetzt aber sind Sie an der Reihe! Pflanzen Sie Blumen, die Ihnen etwas bedeuten oder die in Ihnen Erinnerungen wecken – zum Beispiel an den Garten Ihrer Kindheit!

Pflanzen Sie Büsche und Bäume, die schon früh im Jahr blühen, denn im Haus sind die Zweige eine wunderschöne Dekoration. Die untersten zehn Zentimeter der Zweige von ihrer Rinde befreien und mit einem Hammer weich klopfen, bis sie zerfasern. So können sie leichter Wasser aufnehmen. In lauwarmes Wasser stellen, damit sie länger halten. Es gibt zahlreiche schöne Sträucher und Bäume. Ein Muss ist zum Beispiel Jasmin mit seinen hübschen duftenden Blüten, die einen betörenden Duft verströmen.

Wenn Sie nicht zu den Glücklichen gehören, die bereits einen stimmungsvollen Garten besitzen, sondern Sie Ihren erst anlegen müssen, dann lassen Sie sich von jemandem beraten, der sich mit Gärten auskennt, oder machen Sie sich in Büchern schlau. Ein schön angelegter Garten ist ebenso wichtig wie eine geschmackvolle Inneneinrichtung. Auch der Außenbereich sollte sich durch Stil und eine gute Atmosphäre auszeichnen, denn hier können Sie Energie tanken und sich im Sommer entspannen. Studien haben gezeigt, dass Gartenarbeit tatsächlich Stress abbaut. Für uns Menschen ist es gesund, draußen zu sein und in der Erde zu wühlen. Richten Sie sich draußen daher genauso ein, wie Sie es drinnen tun würden. Wählen Sie einen Stil und Farben aus, die Ihre Persönlichkeit widerspiegeln und Sie glücklich machen. Ob Villengarten oder ein kleines Fleckchen Erde – das spielt keine Rolle. Suchen Sie sich Dinge, die Ihnen dabei helfen, den hektischen Alltag hinter sich zu lassen. Genießen Sie ausgiebig den Sommer mit all seinen Farben und Düften, der Wärme und dem Vogelgezwitscher.

Wenn der lange Winter vorüber ist und man im Frühjahr zum ersten Mal wieder draußen aufdeckt und Blumen pflückt, sind alle kalten Tage vergessen. Es ist so herrlich befreiend, zwischen all dem üppigen Grün zu sitzen!

# Lasst die Kinder die Natur spüren

Meine Töchter Camille und Emily helfen sowohl im Haus als auch draußen stets mit. Wenn wir an einem Sommertag im Garten arbeiten, sammeln sie Zweige, jäten Unkraut oder bepflanzen meine alten Zinkwannen.
Sie haben Spaß dabei, und wir können Zeit miteinander verbringen. Ich finde es wichtig, Kindern beizubringen, dass eine Familie eine Gemeinschaft ist, und dass man einander helfen muss, damit anschließend auch mehr Zeit für Ausflüge oder ein gemütliches Zusammensein ist.
Lehren Sie Ihre Kinder, ihre Sinne zu schärfen, an Dingen im Garten zu schnuppern, Kräuter zu probieren, den Vögeln zu lauschen und die wunderschönen Farben, Formen und Stimmungen in der Natur wahrzunehmen.

Ich versuche, all die schönen Dinge, die ich von meinen Großeltern gelernt habe, in Erinnerung zu behalten. Dinge aus meiner Kindheit, wie zum Beispiel, als ich mit meiner Oma väterlicherseits herausgefahren bin, um den Frühling zu finden. Auf dem Weg dorthin überprüfte meine Oma ab, ob ich auch wirklich alle Bäume und Pflanzen kannte. Mein Lieblingsbaum war Goldregen, weil er so leicht zu erkennen war. Oma und ich liebten diese Ausflüge. Wir lachten und dachten uns Eselsbrücken aus.
Von meiner Oma mütterlicherseits lernte ich die Namen der Wildblumen, wenn wir auf dem Weg zum Badesteg waren. Meine Lieblingsblume war Leinkraut. Wir pflückten Blumen und stellten sie dann in ihre Vasen. Oma kannte sogar Reime mit Blumennamen.

„Kinder sollten mehr spielen,
als viele Kinder es heutzutage tun.
Denn wenn man genügend spielt,
solange man klein ist, dann trägt
man Schätze mit sich herum,
aus denen man später sein ganzes
Leben lang schöpfen kann. Dann
weiß man, was es heißt, in sich eine
warme, geheime Welt zu haben, die
einem Kraft gibt, wenn das Leben
schwer wird. Was auch geschieht,
was man auch erlebt, man hat diese
Welt in seinem Innern, an die man
sich halten kann."

Astrid Lindgren

Ich bin ganz vernarrt in Kinder und liebe es, wie sie die Welt mit ihren Augen betrachten.

## Zäune und Tore

Manche bauen Zäune aus praktischen Gründen. Zum Beispiel, um Wildtiere von Blumen und Baumtrieben fernzuhalten oder damit kleine Kinder nicht weglaufen können. Ich selbst habe den gesamten Garten eingezäunt, weil wir an einem See wohnen und ich sonst keine Sekunde Ruhe gehabt hätte, als die Kinder noch klein waren.
Ich finde, dass einen umzäunten Garten so etwas Geheimnisvolles umweht. Außerdem kann man vor dem Zaun schöne Blumenbeete anlegen und dadurch im Garten kleine Oasen schaffen.
Es gibt viele verschiedene Zäune, auf diesen Seiten präsentiere ich Ihnen jedoch nur diejenigen, die meiner Meinung nach am besten zum romantischen Garten passen. Da wären der klassische Lattenzaun (den ich am liebsten mag), der aufwendig verzierte Gusseisenzaun und der in den letzten Jahren immer populärer gewordene Kastanienzaun, der leicht aufgestellt und wieder versetzt werden kann.
Je nach Geschmack kann man einen Zaun anstreichen oder den Zahn der Zeit an ihm nagen lassen. Zudem gefällt es mir, wenn Efeu oder Clematis den Zaun beranken.

# Zäune im Garten

Ein hübsch umzäuntes Kräuterbeet oder Gewächshaus strahlt Gemütlichkeit aus und lässt den Garten geräumiger und übersichtlicher wirken. Sie können Ihrem Garten auch mit einem gepflasterten Weg oder mit einer kleinen Bank mit Tisch – falls Sie genügend Platz haben – einen besonderen Pfiff verleihen. Denn je liebevoller Sie Ihre Oasen einrichten, desto häufiger werden Sie dort auch Zeit verbringen.
Ich lasse mich gern auf unseren Reisen in den Süden inspirieren, wo Gärten vielfach mit Eisenzäunen umgrenzt werden.
Insbesondere in Italien mache ich mich in den Städten gern auf die Suche nach versteckten Gärten, zum Beispiel einem Klostergarten oder einem alten Hofgarten. Spaliere aus vier bis sechs Pfosten und einem Gitterdach, an dem Clematis, Efeu oder Geißblatt ranken, sieht man im Süden ebenfalls häufig. Eine simple, aber geniale Lösung!
All dies passt gut zu einem dekorativen, funktionalen Garten und schafft eine natürliche Ordnung.
Zäune rahmen den Garten ein und erzeugen visuell eine Form von Ruhe.

# Ideen für Tore

Auf dieser Doppelseite möchte ich Ihnen ein paar zeitlose Gartentore präsentieren. Wenn ich auf der Suche nach Ideen für ein selbst gebautes Tor bin, schaue ich mich gern in Schrebergärten oder schönen Wohngegenden um.

Die Gestaltung meines eigenen Gartens war gar nicht schwer, denn wir zogen in ein Haus, das bereits einen schönen alten Garten hatte, der nur hier und da verändert werden musste. Am wichtigsten war für mich der Stil. Wie man auf dem Bild links sieht, ist mein Garten eine Mischung aus einem verträumten Garten und einem Naturgarten. Bevor der Garten angelegt wurde, habe ich eine Collage mit all meinen Träumen und Ideen angefertigt, damit mein Mann besser verstehen konnte, was ich mir vorstellte. Ich habe eine Hängematte, ein Gewächshaus, verborgene Nischen, eine Holzterrasse mit Zaun, Pflanzkästen aus Lärchenholz usw. aus Papier ausgeschnitten und die Schablonen zu meinem Traumgarten zusammengestellt.

Auf diese Weise konnte ich meinem Gatten viel besser begreiflich machen, wie alles aussehen sollte. Auch Sie sollten daher zuerst zu Papier und Schere greifen, wenn Sie Ihren Garten gestalten möchten – es lohnt sich!

Wir wohnen nun schon 16 Jahre in unserem Haus, und so langsam ist alles fertig. Es ist aber auch immer schön, neue Pläne zu machen.

# Umgeben Sie sich mit Menschen, die Sie zum Lachen bringen!

Eines Tages fragte mich eine meiner netten Kundinnen, ob meine Kinder nicht meinen persönlichen „Honigzauber des Lebens“ ausmachen. Ja, genauso ist es! Sie bringen mich mit ihrem Gelächter und ihren lustigen Ideen zum Lachen. Sie erden mich und lassen mich alles um mich herum vergessen. Sie sind ja die Erwachsenen von morgen und haben eine ganz neue Sicht auf die Dinge. Hier sieht man Emily in der Badewanne – sie ist immer für einen Spaß zu haben.

# Picknick auf dem Badesteg bei Regenwetter

Dänemark ist leider ein Land, in dem es häufig regnet. Damit muss man sich abfinden, und auch die Kinder müssen lernen, dass es nur auf die richtige Kleidung ankommt und man auch bei Regenwetter draußen viel entdecken und Schönes erleben kann. Also, raus mit den Kindern in die Natur!
Unsere liebe Nachbarin Susan hatten meinen beiden Töchtern Camille und Emily sowie ihrer Cousine Helena erlaubt, ein Picknick auf ihrem schönen Badesteg zu machen. Regen? Na, und! Regenschirme sind doch zum Benutzen da, und die Kleidung wird ja wieder trocken.

Die Kinder haben es richtig genossen und sind mit roten Wangen und mit vom Regen lockigen Haaren wieder nach Hause gekommen.
Als der Regen ziemlich stark wurde, mussten sie Zuflucht in dem kleinen Teehaus am See suchen, der ebenfalls unserer reizenden Nachbarin gehört.
Die Kinder hatten ihre Erlaubnis, einfach vorbeizukommen und Steg und Teehaus zu nutzen. Es geht doch nichts über nette Nachbarn!

# Im Garten spielen trotz Regen

Die Kinder lieben es, sich im Teehaus zu verkriechen und Höhle zu spielen. Dort kann man Witze erzählen und sich totlachen. All das hätten sie verpasst, wenn sie einfach nur drinnen vor dem Computer gehockt hätten! Erinnerungen, die sich ins Gedächtnis brennen, entstehen nun einmal nicht vor iPads oder Computern – man muss hinaus in die Natur, wo es so unendlich viel zu erleben gibt! Und ich wette, die beiden werden mir zustimmen, wenn sie als Erwachsene an ihre Kindheit zurückdenken.

Ich weiß noch genau, wie ich als Kind immer mit meinem Bruder und meinen Cousinen in der Scheune meiner Großeltern gespielt habe, wie wir im Garten meines Opas Beeren und Gemüse geerntet haben oder wie wir am Strand des Roskildefjords auf Muscheljagd gegangen sind. Manchmal waren wir den ganzen Tag bis zum Abendessen unterwegs und konnten so unserem Spiel ungestört nachgehen! Es war ein warmes, offenes Zuhause voller Liebe und mit viel Zeit. Heute, wo wir selbst Kinder haben, vergeht kein Tag, an dem wir nicht voller Dankbarkeit an all das denken, was sie für uns Kinder getan haben. Ich erzähle diese Geschichten gern meinen Töchtern und den anderen Kindern in der Familie, um ihnen zu vermitteln, dass es wichtig ist, zu spielen, Höhlen zu bauen und die Kindheit zu genießen, solange man Kind ist.

**WEISSBROT** *schmeckt am besten frisch aus dem Ofen*
**NEHMEN SIE ES MIT INS GARTENHAUS** *und genießen Sie es dort*

## Zünftiges Weißbrot

½ l lauwarmes Wasser, ½ Packung frische Hefe, 2 EL Olivenöl und 1 EL Rohrzucker verrühren und etwa 30 Minuten vorgehen lassen. 1 TL grobes Salz und so viel Mehl unterrühren (z.B. feines italienisches Mehl), bis ein knetbarer Teig entstanden ist. Zu kleinen Laiben formen und auf einem mit Backpapier ausgelegten Backblech etwa 1 Stunde gehen lassen. Mit etwas Olivenöl bestreichen, mit grobem Salz bestreuen und nach Wunsch mit getrocknetem Oregano bestreuen. Im auf 175 °C vorgeheizten Backofen etwa 35 Minuten goldbraun backen.

## Kleine Snacks

Etwa 20 getrocknete Aprikosen einzeln mit Rohschinkenstreifen umwickeln und auf den Grill oder in die Grillpfanne legen, bis ein schönes Grillmuster entstanden ist. Als Snacks genießen.

# Bauen mit Recyclingmaterialien

Ich liebe gebrauchte Baumaterialien, die kleine Makel besitzen, denn sie haben für mich so viel Seele. Sie machen einen Garten lebendig und sind oft an Wertstoffsammelstellen oder in karitativen Einrichtungen zu finden, die Wertstoffe aus abbruchreifen Häusern retten. Wir selbst haben unsere Pflastersteine im Hof eines freundlichen Bauern gefunden, der sich neue Platten angeschafft und die alten dort gelagert hatte. Er war sogar so nett, sie uns auch noch mit seinem Traktor vorbeizubringen!

Halten Sie also die Augen offen, denn manchmal landet man ganz zufällig kleine Glückstreffer. Internetplattformen wie Ebay oder auch Quoka und Kalaydo sind ebenfalls gute Adressen, wenn man nach Leuten sucht, die ihre alten Steine sehr preisgünstig abgeben, wenn man diese selbst abholt.

Wer die Wahl hat, hat die Qual. Welcher Bodenbelag ist denn nun der richtige für das Gartenhaus, die Orangerie oder den Kräutergarten? Inspiration kann man sich beispielsweise auf Wertstoffsammelstellen holen. Mir persönlich gefallen die Beläge auf dieser Seite besonders gut. Das Schöne am Verlegen von gebrauchten Steinen ist, dass sie wegen der Patina so aussehen, als hätten sie schon ewig dort gelegen. Gerade die kleinen Fehler und Gebrauchsspuren machen ihren Charme aus. Wer Zeit hat, kann sich auch auf die Suche nach Fliesen aus leerstehenden Bauernhöfen machen. Alles, was ansprechend aussieht, bekommt eine Chance.

*Man muss nicht immer der Beste sein, um in etwas gut zu sein.*

Ich finde es wichtig, seinen Kindern beizubringen, dass man vielleicht nicht immer in allem der Beste ist, aber trotzdem gut sein kann. Und das ist genauso wichtig. Vielleicht sollten auch wir Erwachsene uns dieses Zitat zu Herzen nehmen, uns selbst nicht allzu sehr unter Druck setzen und die Dinge ein wenig gelassener angehen.

# Achteckiges Teehaus mit Reetdach

Nahe bei Kalundborg auf Seeland wohnt das Ehepaar Charlotte und Bruno. Sie haben sich in ihrem Garten, an die Terrasse anschließend und relativ dicht am Haus, ein wunderschönes Teehaus gebaut. Da es vom Haus aus nicht mehr als zehn Schritte sind, kann man das Teehaus auch an Regentagen genießen.
Das Häuschen hat Bruno Charlotte zu ihrem 40. Geburtstag geschenkt, das Reetdach war das Geburtstagsgeschenk eines Freundes. Ist sie nicht ein Glückspilz? Wer träumt nicht von einem solchen Häuschen im Garten?

Ihr nächstes Projekt – Charlotte wird nämlich bald 50 – ist eine Orangerie. Unterstützt werden sie dabei von Freunden und der Familie. Ich finde es wundervoll, dass man mit den Häuschen auch Geburtstage und viele schöne Stunden beim gemeinsamen Bauen mit der Familie und mit Freunden verbindet.
Charlotte liebt alte Dinge, und daher verändert sich die Einrichtung im Teehaus häufig.

Gebaut wurde das Teehaus 2003. Charlottes Mann Bruno hat alles selbst gemacht, auch den Entwurf und die Gestaltung der massiven Stützbalken, die an der Außenseite und im Innenraum eine Art Zierleiste bilden. Das Unterdach wurde aus Gips hergestellt.
Der Bau, der zuerst ohne Fenster und Türen gestaltet wurde – es gab nur Öffnungen –, zog sich über ein paar Monate hin. Schließlich entschieden sie sich aber doch, Fenster und eine Tür einzusetzen. Natürlich war es nicht so einfach, etwas Passendes für die Öffnungen zu finden, doch sie hatten Glück und bekamen eine Tür vom Bruder eines Schwagers. Die Fenster wiederum kauften sie auf der dänischen Internetplattform DBA. Sie stammen aus einem stillgelegten Bahnhof auf der Insel Fünen.
Die größte Herausforderung war es, die Balken so zu gestalten, dass alles passte und gleichzeitig sowohl innen als auch außen schön aussah. Das Teehaus ist achteckig und hat einen Durchmesser von 2,80 Metern.
Charlotte und Bruno war es wichtig, das Teehaus ausreichend groß zu gestalten, um es im Sommer, wenn Gäste kommen, als „Esszimmer“ nutzen zu können. Wie man sieht, ist auf den Fotos gerade Frühling, und noch ist das Häuschen als Rückzugsraum für Charlotte eingerichtet, in dem sie auf dem französischen Metallbett lesen und sich entspannen kann.

Das Haus wurde genau so, wie sie es sich erträumt hatten. Der Boden sieht aus wie ein Spinnennetz, und das nicht etwa, weil sie diese Krabbeltierchen so gern mögen, sondern weil das zu einem achteckigen Teehaus einfach perfekt passt. Um einen Kontrapunkt zum weißen Haus zu setzen, wurde der Boden schwarz gestrichen, was hervorragend zu all den schönen alten Flohmarktfunden passt. Charlotte nimmt sich viel Zeit, um Sachen zu finden, die sich gut in den Stil und die Stimmung des Hauses einfügen. Ihre Schwester Laila, deren weihnachtlich geschmückte Orangerie Sie ab Seite 230 bewundern können, ist ebenfalls verrückt nach Flohmärkten. Beide verbringen dort viel Zeit und tauschen ihre Beute auch untereinander aus. Ihre Gartenhäuser richten sie gemeinsam ein und inspirieren sich gegenseitig. Glücklicherweise sind beide mit kreativen Männern verheiratet, die sich in diesem Ambiente ebenfalls wohlfühlen.

TEEBRÖTCHEN *schmecken dick mit Butter bestrichen*
IM GARTEN *in guter Gesellschaft am besten*

## Diese Brötchen kann man auch ohne Teehaus genießen.

Sie benötigen 50 g Hefe, 500 ml lauwarme Milch,
100 g zerlassene Butter, 3 EL Zucker,
ca. 400-450 g Mehl, 1 TL Salz, nach Belieben
etwas gemahlenen Kardamom und verquirltes Ei.

Die Hefe in Milch und Butter auflösen, den Zucker hinzufügen und 30 Minuten vorgehen lassen. Mehl, Salz und nach Belieben Kardamom untermengen und gut verkneten. 10-12 Brötchen formen und unter einem Geschirrtuch etwa 30 Minuten gehen lassen. Mit dem Ei bestreichen und im auf 180 °C vorgeheizten Backofen 12-15 Minuten goldbraun backen.

58
Tehus'et

Gute Freunde sind
wie Sterne. Auch wenn
du sie nicht siehst,
sind sie immer da.

Es gibt Freunde, die mich schon seit vielen Jahren begleiten. Auch neue kommen hinzu. Und diejenigen, die ich nicht mehr sehe, werden immer in meinem Herzen sein. Gute Freunde und Freundinnen sind das ganze Leben lang wichtig.

40
30

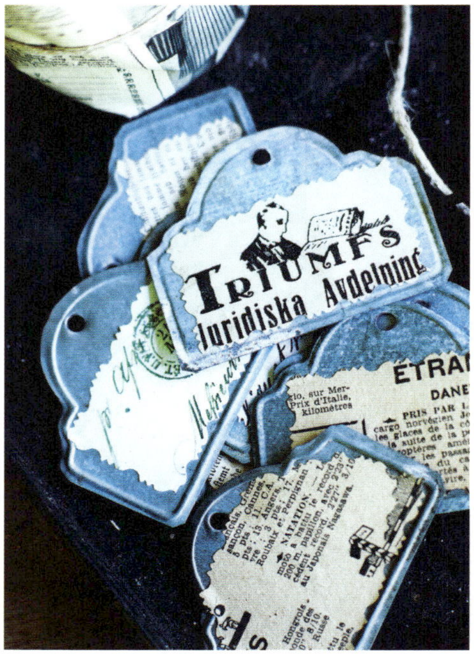

# So wird's draußen gemütlich!

Putzen Sie Ihr Gartenhaus richtig heraus und schaffen Sie sich eine gemütliche Oase der Ruhe! Kleine Details helfen dabei, wie zum Beispiel selbst gemachte Metallschilder. Bekleben Sie dazu alte Metallschilder mit etwas Zeitungspapier und beschriften Sie sie mit einem wasserfesten Filzstift. Auch im Garten verbreiten solche Schilder eine behagliche Stimmung.
Ebenfalls eine tolle Idee sind Saattöpfe aus Gläsern. Dazu kleine, zylindrische Gläser mit alten Zeitungsausschnitten umwickeln und das Papier um den Boden falten. Es wirkt dann richtig süß, wenn die Keimlinge aus der Erde schießen. Ohnehin lassen sich zahlreiche Dinge mit natürlichem Charme als Über- oder

Pflanztopf nutzen, wie alte Holzkisten, Badewannen, Kübel, Tontöpfe und Sandsteingefäße. Der Fantasie sind keine Grenzen gesetzt. Dabei schafft insbesondere ein hübsches Arrangement aus zwei bis drei Töpfen oder einem Kübel eine angenehme Atmosphäre.

Noch ein Tipp: Hängen Sie altes Werkzeug lieber an die Wand oder stellen Sie es auf Regalen aus, anstatt es fortzuwerfen. Zugleich praktisch und dekorativ wird es, wenn Sie es wie auf dem Bild auf Seite 96 oben mit anderen Gartengerätschaften in einen alten Zinkzuber legen. Es macht gar nichts, wenn dies ein wenig improvisiert wirkt, Hauptsache, es strahlt eine gewisse Ordnung aus.

des ROSEAUX

## Bezaubernde Ideen für den Garten

Charmante Details schaffen im Garten eine harmonische, entspannende Stimmung, die guttut.
Wenn Sie etwa im Garten Gäste zum Abendessen empfangen möchten, können Sie das Ambiente mit liebevollen Kleinigkeiten ein wenig festlicher gestalten.
Füllen Sie zum Beispiel eine Zinkwanne mit Wasser und lassen Sie ein paar hübsche Blumen aus dem Garten darin schwimmen.
Ebenfalls eine schöne Idee ist es, kleine Glasvasen mit Blumen an ausgesuchten Stellen im Garten aufzustellen oder gemeinsam mit einer Kerze in einer großen Laterne zu platzieren. Dann sind die Blumen auch im Dunkeln sichtbar.
Übrigens lässt sich eigentlich alles, sogar ein alter Geräteschuppen, in ein gemütliches Gartenhäuschen verwandeln, in dem man Blumentöpfe aufstellen kann. Sie werden sehen, wenn der Schuppen erst einmal ausgeräumt ist, entdecken Sie schon bald sein Potenzial!
Häufig hat man ja die Dinge direkt vor der Nase und erkennt dennoch nicht, welche Möglichkeiten sie einem bieten.

# Süße Stunden in der Natur

Wer kennt das nicht? Wieder einmal ist der Urlaub im Sommerhaus viel zu schnell vergangen. Ich habe dort lange geschlafen, Radtouren gemacht, war den ganzen Tag draußen, war schwimmen, habe mich gesonnt und abends gegrillt. Und plötzlich ist schon wieder Schluss. Ich habe es nicht geschafft, das Haus und den Zaun zu streichen oder die Küchenschränke innen auszuwischen. Doch wenn die Sonne scheint, heißt es natürlich ab nach draußen und die Natur und das Wetter in vollen Zügen genießen!
Wer sein Sommerfeeling nach dem Urlaub verlängern möchte, sollte nach der Arbeit schwimmen gehen, sich viel im Freien aufhalten, grillen und so oft es geht draußen essen. Wir wohnen nahe am Meer und backen dort manchmal spontan Pfannkuchen am Lagerfeuer. Bei Regen kann man es sich einfach im Gartenhäuschen, Pavillon oder unter der überdachten Terrasse gemütlich machen und den Regentropfen lauschen.
Im Herbst und Winter ist dann noch genügend Zeit, um all die liegen gebliebenen Dinge zu erledigen. Man kann zum Beispiel Arbeitstage mit Freunden organisieren, an denen man sich gegenseitig hilft. Die Männer aus meiner Familie haben einen Club gegründet, in dem sich jeder zum Geburtstag ein Projekt wünschen darf. Sie werkeln dann gemeinsam, und wir anderen bekochen sie und versüßen ihnen die Arbeit. Tolle Idee, oder? Das hier abgebildete Häuschen im Garten meines Ladens ist auch so entstanden. Die drei mal drei Meter wurden aus Brettern und zwei alten Türen zusammengezimmert, das Dach rundum mit einem Vorsprung versehen und mit Schilfmatten gedeckt. So wirkt es fast wie ein Reetdach. Nach ein paar Tagen war alles fertig.

# Die ersten warmen Tage

Einer der schönsten Tage des Jahres ist für mich der Tag, an dem ich die Gartenmöbel ausmotten kann. Dann sind der Sommer und all die schönen Stunden im Freien nicht mehr weit. Die Gartenmöbel werden geputzt und in die Sonne, unter einen Baum und vor das Haus gestellt. Und ich freue mich auf die vielen schönen Stunden, in denen gegrillt, Salat geschnitten, Wein getrunken, mit Freunden gegessen, Geschichten erzählt und vor allem viel gelacht wird. Zuvor müssen jedoch noch die Töpfe, Kübel und Zinkwannen mit Blumen in wunderschönen Farben bepflanzt werden. Auch die Flohmärkte erwachen jetzt aus ihrem Winterschlaf. Es gibt wieder viel Zeit, um die Natur zu genießen, die Tage werden länger und vor allem wärmer und man strotzt vor Energie. Wenn das Kaminfeuer herrlich knistert und Kerzen brennen, mag ich den Winter zwar auch, doch bisweilen dauert er einfach zu lang. Wie schön, dass man sich ja immer auf den Frühling freuen kann.

## SELBST GEMACHTE PIZZA *schmeckt am besten*
## IM FREIEN *und als Fingerfood*

# Pizza

600 ml lauwarmes Wasser, 2 EL Olivenöl, ½ Packung frische Hefe (zerbröckelt), 1 TL Salz und 1 TL Zucker 30 Minuten vorgehen lassen (so verhindert man den Hefegeschmack). So viel Mehl (Sorte nach Wunsch) unterkneten, bis ein geschmeidiger Teig entsteht; ich verwende meist etwa 1 kg Bioweizenmehl.

Den Teig in Stücke teilen, zu Kugeln formen und flach drücken. Mit Olivenöl beträufeln und mit ein wenig getrocknetem Oregano, Salz und reichlich geriebenem Käse bestreuen.

Im auf 175 °C vorgeheizten Backofen 20 Minuten goldbraun backen.

Die fertige Pizza mit ein paar Rucolablättern und in Streifen gerissenem Parmaschinken belegen, mit ein wenig Olivenöl beträufeln und pfeffern.

Ein supereinfaches, leckeres Rezept – probieren Sie es aus!

# Aus dem Garten frisch auf den Tisch

Ich finde es ungeheuer zufriedenstellend, etwas zu essen, das ich selbst angebaut habe. Es schmeckt einfach besser, und es ist ein gutes Gefühl zu wissen, dass alles wirklich hundertprozentig ökologisch ist und voller Vitamine steckt. Gemüsebeete habe ich zudem schon immer sehr schön gefunden.

Aus diesem Grund mache ich immer viele Fotos von Gemüsebeeten, wenn wir in Südeuropa unterwegs sind. Ich liebe diese langen Reihen mit Grünzeug, das vor Gesundheit und farbenfrohen Früchten nur so strotzt. Man sät etwas, hegt und pflegt es, und wird dann mit köstlichen Geschenken belohnt.

BUTIKKEN

JORDBÆR SELVPLUK

# Frische Erdbeermarmelade

Im Sommer machen wir gerne einen Erdbeertag, an dem wir zuerst mit den Kindern zu einem Erdbeerfeld fahren und dort köstliche Erdbeeren zum Einfrieren und Einmachen pflücken – wobei die meisten allerdings gleich im Mund landen. Anschließend wird dann unter anderem leckere Erdbeermarmelade für Pfannkuchen und aufs Frühstücksbrötchen eingekocht.

Man nehme 1 kg frische Erdbeeren, 160 g Rohrzucker, 1 EL Vanillezucker und 2 EL Wasser und lasse das Ganze 15 Minuten sachte köcheln. Falls Ihre Kinder Erdbeerstücke nicht mögen, können Sie die Marmelade auch mit dem Stabmixer pürieren.
Falls die Marmelade noch zu dünn ist, rühren Sie 1 EL Speisestärke, aufgelöst in 2 EL Wasser, unter, dann nochmals aufkochen. Da keine Konservierungsstoffe enthalten sind, sollte die Marmelade rasch gegessen werden. Die Gläser gründlich sterilisieren, bevor die Marmelade eingefüllt wird, dann hält sie etwas länger.

# Vorräte für den Winter anlegen

Im Sommer gibt es vollreifes Obst, Gemüse und Kräuter in Hülle und Fülle, und es lohnt sich, diese Sommeraromen zu konservieren, damit man auch im Winter noch davon zehren kann. Wer ein Gewächshaus besitzt, weiß, dass es immer eine Zeit gibt, in der zu viele Tomaten auf einmal reif werden. Waschen und halbieren Sie diese und frieren Sie sie ein.Denn nichts ist köstlicher als eine heiße Tomatensuppe mit eigenen Früchten an einem kalten Wintertag. Ich hänge auch immer ein paar Kräuter zum Trocknen auf, um sie dann in der kühlen Jahreszeit zu genießen.

# Herrliche Honigbrote

Essen Sie auch so gern eine frische Scheibe Weißbrot mit Honig? Ich finde, so ein Brot ist eine wahre Energiebombe. Im Winter, wenn ich gern in eine gewisse Starre verfalle, erwachen meine Lebensgeister sofort wieder mit einem Löffel Honig im Tee oder auf frisch getoastetem Weißbrot. Auch mein Laden ist nach dieser göttlichen Speise benannt. Sie ist gesund, rein und ein ganz natürliches Produkt. Früher, als man noch keinen Zucker hatte, verwendete man Honig als Süßstoff in Brot, Wein und heißen Getränken – doch das tun wir heute ja immer noch. Ich habe einmal von einem alten Hochzeitsritual gehört, bei dem die Handflächen des Brautpaars mit Honig bestrichen wurden, damit sie einander ewig treu blieben. Auch im englischen Wort „Honeymoon" für die Flitterwochen steckt das Wort Honig und soll hier wohl auf die süße Anfangszeit der Ehe hindeuten. Der goldene Saft wird in jeder Kultur geschätzt und ist wahrhaft ein Trank für die Götter.

# So gelingen genüssliche Sommertage

Decken Sie den Tisch mit Ihrem schönsten Service oder Ihren besten Funden vom Flohmarkt.

Stellen Sie Vasen mit frischen Wiesenblumen oder Schnittblumen auf. Große Sträuße sind gar nicht nötig – mehrere hübsche Vasen mit je einer Blume reichen vollkommen.

Wer möchte, kann noch eine Tischdecke auflegen und ein paar alte Kaffeesäcke quer als „Läufer-Sets" auf der Decke platzieren. Das wirkt rau und gemütlich zugleich. Ich finde es schön, wenn ich als Gast einen schön gedeckten Tisch vorfinde, der mir zeigt, dass man sich über meinen Besuch freut und dass ich willkommen bin.
ODER
Decken Sie den Tisch am Strand, in der Jolle oder im Gartenhäuschen. Eine Freundin von mir hat Pferde. Wenn wir sie und ihre Familie besuchen, wird immer gegrillt – ganz gleich bei welchem Wetter. Wir sitzen im Stall, umringt von den Pferden, und zünden massenweise Laternen an. Das ist wirklich gemütlich! Sogar ich, eigentlich keine Pferdenärrin, kann mir nichts Schöneres vorstellen, als hier in dieser fantastischen Kulisse mit all den Pferden zwischen Heu und Stroh zu sitzen.

Man kann auch einen ganz normalen Alltag mit der Familie zu Hause in etwas Besonderes verwandeln und zum Beispiel mit Picknickkorb, Angel, Kescher und Krabbenfänger einen Ausflug ans Meer machen. Eine Radtour mit einem Picknick auf irgendeiner Wiese oder an einem See ist ebenfalls eine tolle Sache, besonders für Kinder.

In meiner Erinnerung bestehen vergangene Urlaube aus Stimmungen in Form von Bildern und Düften. Ich denke an Orte, die ich besucht habe, und spüre eine wohltuende Ruhe im ganzen Körper. Oder an Düfte aus einem Restaurant in einer Stadt oder aus einem Café. Oder an das Gefühl, frühmorgens in einer Stadt zu sein, in der noch alles schläft, was auf unseren Trödelmarktbesuchen im Ausland oft der Fall ist. In den Bäckereien herrscht dann schon reges Treiben, und ein herrlicher Duft strömt einem entgegen. Ein frisch gebackenes Schokoladencroissant aus der Hand ist dann der pure Genuss.

# Erinnerungen
## aus der Kindheit

Viele Erinnerungen aus meiner Kindheit sind mit meinen Großeltern verknüpft. Dort hatten wir immer viel Zeit, um uns in die kleinen Dinge des Lebens zu vertiefen.

Bei Oma und Opa mütterlicherseits buken wir oft Kuchen oder gingen ans Meer. Im Spätsommer pflückten wir im Garten große violette Blumen und ernteten Haselnüsse. Anschließend verging die Zeit mit dem Knacken und Essen der Nüsse, von denen einige auch für den Nusskuchen geopfert wurden. Oma kochte Pflaumen zu Kompott und Marmelade ein und liebte es, sie uns Kindern zu servieren. Mein Opa mütterlicherseits hatte mit wenig Geld ein kleines, behelfsmäßiges Gewächshaus ans Haus angebaut und bewies mit seiner reichhaltigen Ernte einen grünen Daumen.

Bei Oma und Opa väterlicherseits wiederum wurde viel gekocht. Meine Großmutter verbrachte viele Stunden in der Küche, und ich liebte es, am Küchentisch zu sitzen, mit Omi zu reden, ihr beim Kochen zuzusehen und den Duft von heißer Butter in der Pfanne zu genießen. In den Ferien versammelten sie hier immer all ihre Enkelkinder, und so wuchsen wir fast wie Geschwister auf. Wir fädelten Perlen auf, spielten Spiele und bauten auf dem Boden ein riesiges Bett für uns alle. Hier wurde Geborgenheit groß geschrieben. Mein Großvater verbrachte viel Zeit in seinem geliebten Garten mit Gewächshaus oder hütete die Tiere. Er liebte es, draußen in der Natur zu sein. Vor das Gewächshaus hatte er noch einen Hühner- und einen Kaninchenstall gebaut, sodass man zunächst an den süßen Tierchen vorbeimusste, bevor man ins Gewächshaus kam. Auch mein Opa väterlicherseits hatte einen ausgesprochenen grünen Daumen. Er und mein Vater wetteiferten immer darum, wer die ersten Tomaten und Gurken ernten konnte. Jetzt, da mein Opa nicht mehr unter uns weilt, gibt es denselben Wettbewerb zwischen meinem Mann und meinem Vater.

Love is a
friendship on fire.

Ich glaube, dass man in einer Beziehung weit kommt, wenn der Partner auch der beste Freund ist. Dieses Zitat hat für mich daher eine ganz besondere Bedeutung.
Das Foto hier links habe ich in England aufgenommen, und es musste einfach mit in dieses Buch. Wir saßen gerade mit der ganzen Familie an der Mole und aßen Fish and Chips, als sich die Tauben direkt vor unserer Nase küssten.

## Außenküche

# So einfach kann es sein

Denken Sie praktisch, wenn Sie vorhaben, in Ihrem Garten eine Außenküche einzurichten, denn der Sommer kann bisweilen regnerisch sein. Verwenden Sie Dinge, die wetterfest sind und nicht bei jedem Regen untergestellt werden müssen. Geeignet sind Materialien wie Holz, Stein, Porzellan und Zink.
Wir haben uns für die Außenküche einen alten Tisch ausgesucht, der einst in einer Werkstatt als Arbeitstisch diente.

Ein alter Flaschenhalter hält bei uns nun Gläser, und auf der Steinplatte mitten auf dem Tisch sind alle wichtigen Utensilien vereint. Die Steinplatte stammt von einem alten Cafétisch und wird auch als wetterbeständiges Schneidebrett verwendet. In einem alten Regal finden Küchenutensilien und Küchenkräuter Platz.

# Außenküche und gemütliche Ecke

Suchen Sie sich für die Außenküche einen gemütlichen Platz nahe am Haus, um sich allzu viel Rennerei zu ersparen. Wichtig ist zudem ein windgeschützter Ort, am besten mit irgendeiner Form von Überdachung.
Perfekt für eine Außenküche sind ein Schuppen oder eine alte Garage, wo es neben der Kücheneinrichtung noch ausreichend Platz für eine gemütliche Essgruppe gibt. Es macht sehr viel Spaß, draußen zu kochen, insbesondere wenn gegrillt wird, denn so kann man alles gemeinsam an einem Ort erledigen und nebenbei noch ein leckeres Glas Wein mit den Gästen genießen. Auch die Kinder, die Outdoor-Kochen natürlich spannend finden, kann man so viel besser ins Kochen miteinbeziehen. Es kommt fast ein bisschen Ferienstimmung auf, und man hilft einander auch mehr – vermutlich, weil diese Art zu kochen einfach etwas Besonderes ist.
Halten Sie auf Flohmärkten Ausschau nach passenden Küchenutensilien wie einem alten Schrank, einer Spüle oder einem Tisch. Man kann auch in einen langen Tisch eine Spüle einbauen oder einfach eine mit Wasser gefüllte Wanne aufstellen, die anschließend zum Blumengießen verwendet wird. Wichtig ist zudem, ausreichend Stauraum für alle Küchenutensilien zu haben, damit Sie leicht Ordnung schaffen können.
Entscheidend ist aber natürlich, dass alles ohne Stress und Hektik vonstattengeht.

## SCHNELLE LEIBSPEISE – *genießen Sie sie unter dem Sonnenschirm* **ODER MIT EINER GUTEN ZEITSCHRIFT** *in Ihrem Lieblingsstuhl*

Eine Scheibe Baguette in einer Pfanne
in etwas Öl goldbraun rösten.
Mit Avocado- und Kirschtomatenscheiben belegen,
mit ein wenig Zitronensaft beträufeln und
mit Salz und Pfeffer würzen.

Einfach zu machen und einfach fantastisch!

## Ich sammle schöne Erinnerungen.

In meiner Sammlung findet sich zum Beispiel die Zeit, die wir miteinander verbracht haben. Es finden sich Mahlzeiten, die wir gemeinsam genossen haben. Augenblicke der Ruhe und gemütliche Stunden. Meine Familie, meine Freunde und die Liebe. All das ist es wert, gesammelt zu werden.
Laden Sie einen Haufen lieber Menschen ein und pfeifen Sie auf die Wollmäuse in den Ecken! Denken Sie lieber an das gute Essen und die vielen schönen Stunden in netter Gesellschaft.

## HAUSGEMACHTE HOT DOGS *für unterwegs*
## SCHMECKEN BESONDERS GUT *mit gutem Ketchup*

Aus diesem Teig lassen sich auch Pizzaschnecken, Sandwichbrötchen oder Ähnliches herstellen.
600 ml lauwarmes Wasser, 2 EL Olivenöl, ½ Päckchen zerbröckelte frische Hefe, 1 TL Salz und 2 TL Zucker 30 Minuten vorgehen lassen (so vermeidet man den Hefegeschmack).
Ca. 600 g Mehl (ich verwende immer Bio-Weizenmehl) unterrühren, bis ein glatter Teig entsteht. 30 Minuten gehen lassen.
Den Teig ausrollen, in Quadrate schneiden und um halbierte Brühwürste wickeln. Im auf 180 °C vorgeheizten Backofen etwa 12 Minuten goldbraun backen.

## Hausgemachter Ketchup

Sie benötigen 6 große, vollreife Tomaten, 1 Apfel, 1 Zwiebel, 3 EL Rohrzucker, 1 kleine Dose geschälte Tomaten, 3 EL Apfelessig, Salz, Pfeffer und nach Belieben etwas Chilipulver. Tomaten und Apfel schälen und entkernen und mit der Zwiebel fein hacken. Alle Zutaten 1 Stunde einköcheln lassen, dann fein pürieren. Falls der Ketchup zu dünn ist, noch etwas weiterköcheln, bis die gewünschte Konsistenz erreicht ist.

Im Kühlschrank aufbewahren und rasch verbrauchen.
Der Ketchup schmeckt auch köstlich auf einer Pizza Margherita.

FN 408

# Den Sommer in der Natur genießen

Ich liebe es, meinen Picknickkorb zu füllen und mich auf Entdeckungsreise zu begeben. Meist fahre ich ans Wasser und setze mich an einen Badesteg oder an den Hafen und genieße die klare Luft.

Als ich klein war, haben mich meine Großeltern auf Spaziergänge mitgenommen, um die Enten im Fjord zu füttern, vom Steg aus Fische mit dem Kescher zu fangen, versteinerte Seeigel und Hühnergötter am Strand zu suchen oder um auf den Fjord herauszufahren und die Aalreusen zu leeren. Obwohl ich hier in der Gegend schon viele Jahre wohne, finde ich mit meiner Familie immer wieder neue Fleckchen, die nur darauf warten, entdeckt zu werden.

Aufgrund unseres stressigen Alltags schätzen wir solche Dinge umso mehr. Man schaut nicht ständig auf die Uhr, sondern lebt im Hier und Jetzt. Lassen Sie sich von den Farben, den Lauten und Düften der Natur inspirieren! Um möglichst viele solcher unvergesslichen Augenblicke zu schaffen, schnappe ich mir gern das Abendessen und die Kinder und fahre mit ihnen in die Natur. Ein Fernglas, ein Kescher, ein Krabbenfänger und natürlich eine Kamera sind immer dabei.

# Ein Tag am Meer

Ein Tag am Strand oder ein Spaziergang am Hafen gehören für mich zu den schönsten Dingen des Lebens. Ich genieße es, dabei meine Gedanken schweifen zu lassen und mir hübsche Boote in ansprechenden Farben, mit schönen Namen und toller Patina anzusehen, die von einem Leben in Wind und Wetter erzählt. Diese Boote sind sicher schon oft ausgelaufen und mit vielen Fischen in hübschen Kisten beladen wieder in den Hafen zurückgekehrt. Fische, die man mit gutem Gewissen zubereiten und essen kann.
Für mich sind alle Geräusche, die mit dem Wasser zu tun haben, der Inbegriff von Ruhe und Harmonie – ganz gleich, wo ich mich befinde. Wasser zieht mich immer in seinen Bann. Das leise Gluckern und die leichten Wellen, die sacht an die Boote stoßen. Die Farben des Wassers und des Himmels und diese Stimmung von Zusammenhalt und intensiven Stunden in der Natur. Daher verbringe ich mit meiner Familie so oft wie möglich Zeit am Strand oder Hafen.
Ein Krabbenfänger, also ein Stück Schnur mit einer Wäscheklammer an einem Ende, an dem ein Muschelköder festgeklemmt wird, ist in meiner Familie ein absolutes Muss. Die Erwachsenen sind beim Krabbenfischen übrigens genauso eifrig wie die Kinder. Ebenso schön ist es jedoch, die Krabbe dann wieder ins Meer zu entlassen.

# Friedliche Stunden

Nehmen Sie sich Zeit, um die Stille in der Natur zu genießen – sei es am Strand oder sonst wo. Hauptsache, dort herrscht Ruhe.
Auf unseren Streifzügen habe ich immer meine Kamera dabei, denn durch das Objektiv sieht man die Dinge auf eine andere Weise. Dinge, an denen man sonst achtlos vorübergegangen wäre, werden so zu einem kleinen Wunder. Wenn ich mir meine Fotos später wieder anschaue, zaubert mir das jedes Mal ein Lächeln auf die Lippen.

Auf dieser Seite sieht man zum Beispiel ein Foto von Frida, der Hündin meines Vaters, die vor der Rückfahrt im Auto erst einmal ein Bad im Meer nehmen und sich im Sand wälzen musste.
Ab und zu muss ich einfach zum Meer, denn nur dort komme ich zur Ruhe. Manchmal habe ich regelrecht Sehnsucht nach dem Rauschen der Wellen. Das Meer ist einer der wenigen Orte, an dem ich wirklich einen klaren Kopf bekommen kann.

# Nur die Liebe zählt.

Als ich Lars kennenlernte, wusste ich sofort, dass wir gut zusammenpassen würden. Er ist ruhig, und ich bin energiegeladen. Wenn er zu träge wird, gebe ich ihm einen Schubs. Ich wiederum finde bei ihm die ersehnte Ruhe, wenn rundum alles ein wenig zu viel Fahrt aufgenommen hat. Ich glaube, es tut einer Beziehung gut, wenn der Partner gleichzeitig auch der beste Freund ist. Sei es zu unserem Partner, unseren Kindern, unserer Familie oder den Freunden und Freundinnen – Liebe ist so ungeheuer wichtig. Wir müssen uns den Glauben an die Liebe bewahren. Liebe ist nichts, das man sich nimmt, Liebe ist etwas, das man bekommt.

# Meine Sommerurlaubsliste

Radtouren machen
Erdbeeren pflücken
Krabben fangen
Garnelen fischen
Mit Familie und Freunden grillen und ein Lagerfeuer machen
Am Wegesrand anhalten und Beeren und Gemüse kaufen
Auf Flohmärkte gehen
Zum Strand fahren
Viele Fotos machen
Lustige Aktivitäten für die Kinder erfinden, z. B. eine Flaschenpost verschicken, eine Höhle bauen oder am Strand auf Entdeckungsreise gehen
Im Meer baden
Den Tiefkühler mit Beeren und Gemüse füllen
Massenweise frischen Honig essen
Neue Rezepte ausprobieren
Brötchen backen und dick mit hausgemachter Marmelade bestreichen
Das Leben genießen und Mittagsschlaf halten

200 mt.
MASSEY-FERGUSON

## BOUNTY, *selbst gemacht und himmlisch gut*
## MÖGLICHST EISKALT *und mit Tee genießen*

Sie benötigen 250 g Kokosraspel, eine Dose Kondensmilch und etwa 2 Tafeln hochwertige Blockschokolade.

## So geht's:

Die Kokosrapsel in der Kondensmilch 20 Minuten im Kühlschrank aufweichen. Die Masse zu kleinen Kugeln formen und 1 Stunde erneut in den Kühlschrank stellen (Ungeduldige stellen sie 20 Minuten ins Tiefkühlfach). Die Schokolade schmelzen und die Kokoskugeln hineintauchen. Abtropfen lassen und auf einem mit Backpapier ausgelegten Backblech verteilen. Im Kühlschrank fest werden lassen – fertig. Vorsicht, sie haben hohes Suchtpotenzial!

# Unser kleines Strandhaus am Fjord

Dieses kleine Strandhaus teilen sich drei Familien: meine Eltern, meine Freundin mit ihrer Familie und Lars, die Mädchen und ich. Hierher zieht es uns wegen der Natur, der Stimmung am Meer und nicht zuletzt wegen der Ruhe. Nachdem wir hier ein paar Mal waren, sagte meine Tochter Emily: „Hier ist so eine schöne ‚Stilleruhe' (dänisch stillero)." Also nannten wir diesen Ort „Stillero". Es ist nur ein kleines Fleckchen Erde, doch alles, was hier zählt, sind die Nähe zum Meer und das süße Häuschen, unser Refugium. Oft bekommen wir hier Besuch von Verwandten oder Freunden, die mit uns Kaffee trinken oder abends am Lagerfeuer sitzen.

Damit wir schnell zum Lebensmittelladen, in den Wald oder zum Fjordpfad kommen, haben wir stets unsere Fahrräder dabei. Von unserem Haus aus sind es nur 15 Minuten bis zum Strandhäuschen, was viele Vorteile hat, denn auch wenn wir spät von der Arbeit nach Hause kommen, können wir an Sommerabenden dort kochen. Wir nutzen das Plätzchen also eifrig.
Ich komme hier viel schneller zur Ruhe als zu Hause, wo immer irgendein Wäscheberg oder der Staubsauger auf mich wartet (der dreht dann eben am Wochenende seine Runden). Schon nach der kurzen Fahrt über den Schotterweg am Meer fühle ich mich entspannt.

Da unser Strandhaus – das erste in der Reihe – auf einem recht großen Grundstück liegt, können wir dort sogar ein Zelt aufbauen. Wir haben das Glück, dass all unsere Nachbarn nette Lette sind, mit denen wir häufig zusammensitzen. Wenn uns zum Beispiel Salz fehlt, fragen wir lieber die Nachbarn, als zum Laden zu fahren. Man wird hier also faul.
Unser hinterster Nachbar Axel hängt immer ein Fischernetz ins Wasser und schreibt eine SMS, sobald er einen Fang gemacht hat. Die Kinder laufen dann sofort los, und auch ich schaue mir die schönen frischen Fische gern an. Es gibt hier richtig viele Forellen und Plattfische.

# Der Traum vom Haus am Meer

Unser 14 Quadratmeter großes Strandhäuschen ist mit Flohmarktfunden und zwei Betten mit Stauraum eingerichtet, die Lars selbst gebaut hat. Auf jedem Bett liegen drei Matratzen übereinander, damit wir genug Matratzen für das Zelt und mindestens zwei Klappliegen haben, die wir auch als Sonnenbetten nutzen. Wenn wenig Platz ist, muss man nun einmal jeden Quadratmeter ausnutzen. Gartentisch, Stühle, Klappliegen, Kescher und Küchenutensilien habe ich gemeinsam mit meiner Mutter auf Flohmärkten erstanden. Es hat ungeheuer viel Spaß gemacht, die Dinge so zusammenzusammeln, dass sie bei uns eine neue Einheit bilden.

Als Erstes haben wir die Oberschränke in der Küche abgenommen, die Wände weiß und den Boden hellgrau gestrichen. Denselben Grauton hat die Arbeitsplatte in der Küche erhalten. So entstand in dem kleinen Raum gleich eine harmonische Atmosphäre. Dann sind wir auf Schatzsuche gegangen. Ein altes Regal für die Küchenutensilien, die nicht mehr im einzigen Unterschrank untergebracht werden konnten, wurde aufgehängt. Für das Schlafsofa wurden zwei große Kästen zu einem Ecksofa zusammengesetzt. Und schließlich fanden wir noch einen kleinen Tisch mit Schubladen für Buntstifte und Spiele.

# Kleines Haus mit viel Raum für Gemütlichkeit

Auf der Arbeitsplatte in unserer Strandhausküche stehen alte Schneidebretter und Gläser voller Besteck. Die Küchenregale sind mit Schalen und Tellern prall gefüllt. Meine Freundin Jeanett hat für uns einen alten Nähmaschinentisch ergattert, den wir als Kücheninsel nutzen. Darunter liegen Töpfe und Pfannen in einer alten Kartoffelkiste. Das Haus ist zwar klein, dennoch finden ein Schlafbereich, der auch als Sofa dient, und eine kleine Küchenzeile mit Kochplatten, einer Spüle und einem Kühlschrank darin Platz. Allerdings haben wir hier nur einen Unterschrank, in dem Lebensmittel wie Nudeln, Reis, Kuchen, Schokolade oder Popcorn unterbracht sind.

An einer Wand hängt ein hohes, schmales Regal, in dem hübsche Weingläser, Schalen und Platten stehen – schließlich ist es wichtig, seinem Essen einen attraktiven Rahmen zu geben. Wir haben das Glück, dass einer unserer Miteigentümer Koch ist, hier wird also viel gekocht. Und die alten Schneidebretter verwenden wir auch als Tabletts – sehr praktisch!
Ohnehin ist es wichtig, praktisch zu denken – aufgrund des Platzmangels haben wir daher auch noch eine Außenküche installiert. So kann vieles draußen geschehen.
Hinten am Haus gibt es eine kleine Toilette mit Außendusche.

# Die kleinen Dinge des Lebens

Herrlich ruhig und faul sind die Tage hier in Stillero, und sogar Vaters Hund kommt nach ein paar langen Schwimmeinheiten zur Ruhe. Die Kinder ernten Beeren für ihr Frühstück, ich lese Zeitung. Lars schläft lange, und alles verläuft in einem Tempo, bei dem jeder mitkommt. Die Kinder denken sich neue Spiele aus oder verändern ihren Blick auf die Dinge. Ihre Schatten oder eine Fußspur auf dem Steg werden plötzlich zu interessanten Objekten. Alles wird eingehend studiert und gründlich durchdacht. Zeit ist hier keine Mangelware; man kann sich in die Dinge vertiefen.

Oft haben wir hier Verwandte oder Freunde zu Gast. Wenn die Kinder Freundinnen zu Besuch haben, machen es sich auch ihre Eltern kurz bei uns gemütlich, wenn sie sie wieder abholen.

In Stillero steht die Zeit still. Die Tage ziehen dahin, und alles geschieht am oder auf dem Wasser.

Eines Tages fand mein Neffe Kristian die Flaschenpost eines fünfjährigen Jungen am Ufer vor den Häusern und schickte dem Jungen einen Gruß und einen Lutscher. Diesen Tag wird mein Neffe sicher nie vergessen – er war richtig stolz!

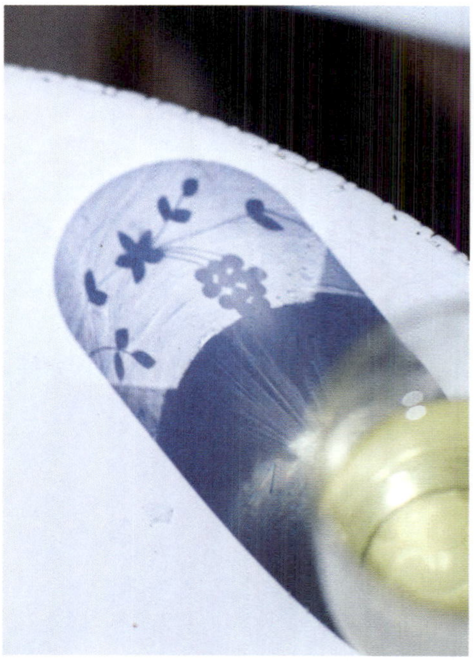

Der er
fjordrejer på

# Mamas Chutney

Meine Mutter ist eine richtige „Einmachtante", sie beherrscht das Einkochen aus dem Effeff. Wenn es nach ihr ginge, würde sie jedes einzelne Vitamin ins Einmachglas zwingen. Hier sieht man, wie sie gerade Hagebutten für ein Chutney sammelt – sie hat beim Pflücken und Einmachen manchmal diesen beseelten Ausdruck im Gesicht. Wir anderen, die nicht so viel Zeit zum Einmachen haben, rufen immer bei ihr an, wenn die Kinder erkältet sind und wir eine Vitaminbombe in Form von schwarzem Johannisbeer- oder Holundersaft brauchen. Dagegen gibt es nichts Besseres als heißen Saft mit Zitrone. Außer vielleicht Omas selbst gestrickte Socken an den Füßen.

Für ihr Hagebuttenchutney verwendet meine Mutter: 20 Hagebutten, ½ Zwiebel, ¼ Zitrone, 1 TL Rohrzucker, ca. 1 EL Essig und 1 Apfel. Alles wird nur grob gehackt und in etwas Öl in einer Pfanne goldbraun gebraten. Salzen und pfeffern; wer es wie ich scharf mag, kann noch Chilipulver hinzufügen. Heraus kommt etwa 1 Glas Chutney, das hervorragend zu Gerichten mit Reis und Soße passt; insbesondere mit einem Löffel griechischem Joghurt dazu.

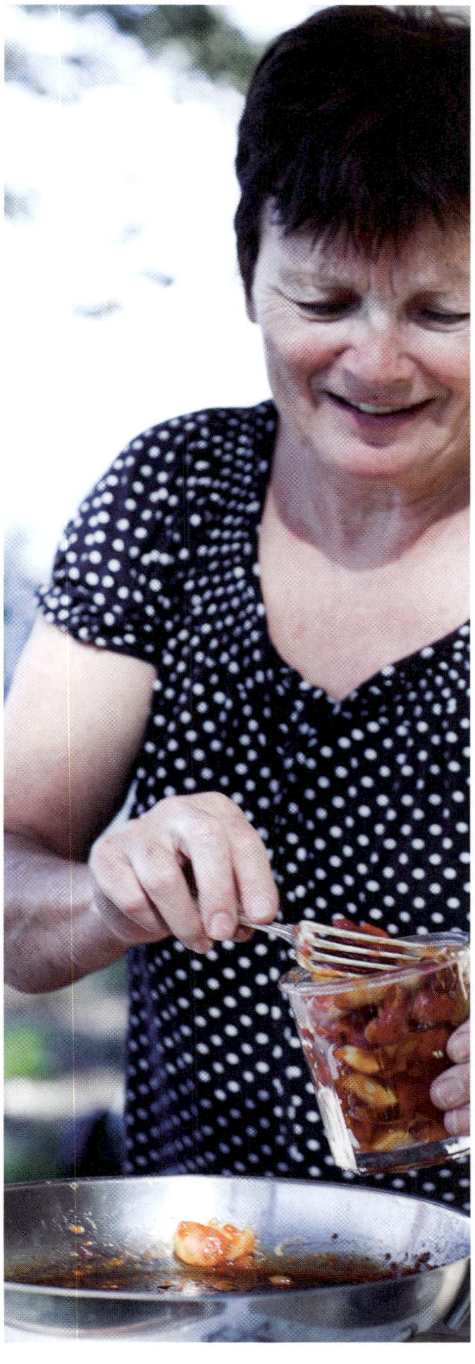

# Meeresstudien

Wenn meine Töchter mit einem Kescher und einem altmodischen Aquarium ausgerüstet sind, ist ihr Tag gerettet. Oft stehen sie dann stundenlang im Wasser und fangen Krabben, junge Hornhechte, kleine Flundern und massenweise Garnelen. Das Meer ist voller Leben, und das muss untersucht werden.

Manchmal versammeln sich ganz viele Kinder auf dem Steg und schreien jedes Mal, wenn eine Krabbe entwischen konnte oder ein ganz besonderer Fang gemacht wurde. Einmal zum Beispiel hat mein Neffe Mads mit einem kleinen Kescher eine große Flunder gefischt. So etwas lockt dann auch uns Erwachsene hinunter, um den Fang zu begutachten.

Ich liebe es, wenn sich die Kinder in der Natur beschäftigen. Es ist so schön zu sehen, wie sie im Wasser stochern, und man wird dabei selbst wieder zum Kind.

# Unter freiem Himmel und mit nassen Füßen

Die Nachbarhäuser unseres Strandhäuschens Stillero sind alle ganz verschieden. Wie man sieht, hat unser Haus eine kleine Veranda und ein Reetdach. Die Häuser sind frisch renoviert, und glücklicherweise hat man dabei ihren ursprünglichen Charme beibehalten. Alle Häuser sind denkmalgeschützt, was bedeutet, dass uns gewisse Dinge untersagt sind. So dürfen wir am Haus beispielsweise keine Terrasse anlegen. Das ist eigentlich auch ganz gut, denn auf diese Weise kommt man nicht in die Versuchung, ständig irgendwelche Veränderungen vorzunehmen, und kann den Ort wirklich nur zur Entspannung nutzen. Vom Stil her ist hier also Natürlichkeit angesagt.

Wenn die Sonne scheint, bedarf es nicht viel Überredungskunst meiner Familie, um mich zum Strandhaus zu locken. Auch wenn es nur unweit von unserem Haus liegt, in dem stets viele Aufgaben auf mich warten, kommt hier immer schnell so eine Art Ferienstimmung auf. Hier kann man es sich einfach gemütlich machen, Zeitung lesen und einen langen Mittagsschlaf halten. Zu Hause würde sich rasch mein schlechtes Gewissen melden und mich dazu ermahnen, doch die Wäsche zu waschen, die Wände neu zu streichen oder das Intranet der Schule zu checken. Im Strandhaus aber gibt es nichts zu tun, die Handys haben kein Netz, und das ist wundervoll. Hier sind wir sozusagen gezwungen, uns miteinander zu beschäftigen und uns zu entspannen.

Der Steg in Form eines Floßes stammt vom Arbeitsplatz meines Mannes. Früher wurde das Floß zur Entenjagd genutzt, doch irgendwann fehlte der Platz dafür, und es sollte ausrangiert werden.

Als ich das erfuhr, fragte ich seinen Chef, ob wir das Floß bekommen könnten, und da der Chef ein Kumpel meines Mannes ist, sagte er Ja!

Lars hat das Floß auf einem Laster hierher bugsiert und ins Wasser geworfen; dann haben wir es bis vor das Strandhaus gerudert. Das Floß wird ebenso eifrig genutzt wie das Häuschen, die Kinder sind sogar häufiger auf dem Floß als im Haus. Auch ich liege manchmal dort und halte Mittagsschlaf.

Damit man den Sonnenuntergang auch gebührlich genießen kann, haben wir an der Decke der Veranda Hängematten aufgehängt. An der Rückseite des Hauses ist direkt neben der Toilette eine Außendusche angebracht, wo man sich das Salzwasser vom Körper spülen kann. Etwas behelfsmäßig, aber sehr wirkungsvoll.

Auf dem Foto rechts sieht man, wie die Kinder an einem schönen Sommerabend im Wasser stehen und nach Tierchen Ausschau halten. Mein Neffe Mads hat an diesem Abend mit einem kleinen Kescher eine Flunder gefangen. Es gibt also sehr viel Leben im Fjord.

Von unserem Strandhaus am Roskildefjord aus sind links Rørvig und rechts Hundested zu sehen.

# Abendessen auf dem Floß

Es ist wichtig, Kinder beim Kochen miteinzubeziehen, damit sie Gefallen daran finden und auch neuen Gerichten gegenüber aufgeschlossener sind. Hier haben sie für das Abendessen mit einem Kescher Garnelen im Fjord gefangen. Ich habe ihnen dann dabei geholfen, sie zu kochen, was nur ein paar Minuten in Anspruch nimmt. Ruck, zuck sind sie rosa und können abgegossen und in kaltem Wasser abgeschreckt werden. Parallel haben wir noch asiatische Nudeln gekocht, eine Gurke gewürfelt, zwei Frühlingszwiebeln gehackt und alles mit Zitronenstückchen, Chilisauce, Knoblauch und Olivenöl vermischt. Für den Spaßfaktor haben wir die Nudeln in kleine Popcornschachteln gefüllt und mit Stäbchen gegessen. Der Tag war gerettet! Und auch die alte Weisheit, dass alles draußen noch einmal so gut schmeckt, bewahrheitete sich: Es wurde alles aufgegessen.

Gehen Sie am Strand auf Schatzsuche! Wir halten immer nach versteinerten Seeigeln und hübschen, herzförmigen Steinen Ausschau, die wir anschließend mit Aquarellfarben bemalen. So vergehen ganze Stunden. Ich finde es schön zu sehen, wie die Kinder vor Eifer ganz rote Wangen bekommen, und ich glaube, dass es im Leben wichtig ist, sich zwischendurch einfach mal ins Gras zu legen, die Socken auszuziehen und die Halme zwischen den Zehen zu spüren. Ich weiß auch nicht, was mit uns heutigen Menschen los ist. Dauernd sind wir beschäftigt, und das ist nicht gesund! Beschränken Sie sich auf das Wesentliche und schrauben Sie Ihr Tempo herunter!

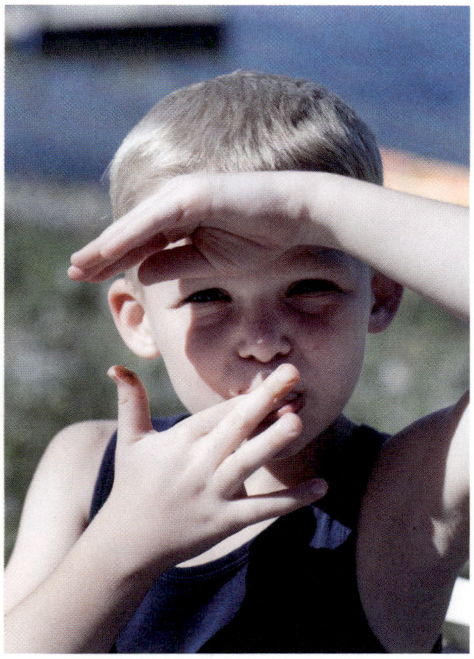

# Mittagessen am Fjord

Für unser sommerliches Mittagessen am Strand haben wir mithilfe von drei Böcken und einer alten Holzplatte, die mir ein Zimmermann verehrt hat, einen langen Tisch aufgebaut. Auf diese Weise kann alles schnell wieder abgebaut werden, bevor wir fahren. Noch eine weiße Tischdecke und ein hübscher Blumenstrauß – und schon war ein schöner Mittags- und Kaffeetisch gedeckt. Schließlich soll man beim Essen gemütlich sitzen und die Speisen richtig genießen.
Auf den Fotos erfreuen sich meine Eltern und ihre Enkelkinder gerade an einem Brombeerdessert. Meine Mutter hat selbst gemachten schwarzen Johannisbeersaft mitgebracht, denn „Vitamin C ist gut für Kinder", wie sie immer sagt.
Wegen des dahinterliegenden Waldes ist es rund um das Haus meist windgeschützt. Es wirkt herrlich beruhigend, im Windschatten dem Rauschen des Windes in den Bäumen zu lauschen!
Dessert: Zerstoßene Amaretti oder Eierplätzchen in ein Glas füllen, Sahne mit Vanillezucker steif schlagen, Brombeeren unterrühren und auf die Amaretti geben.

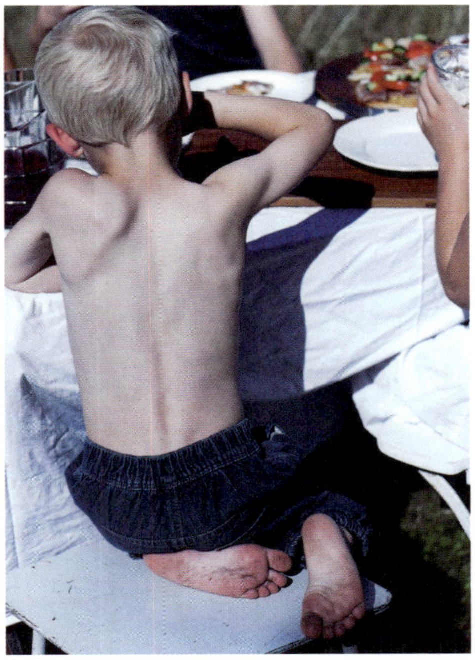

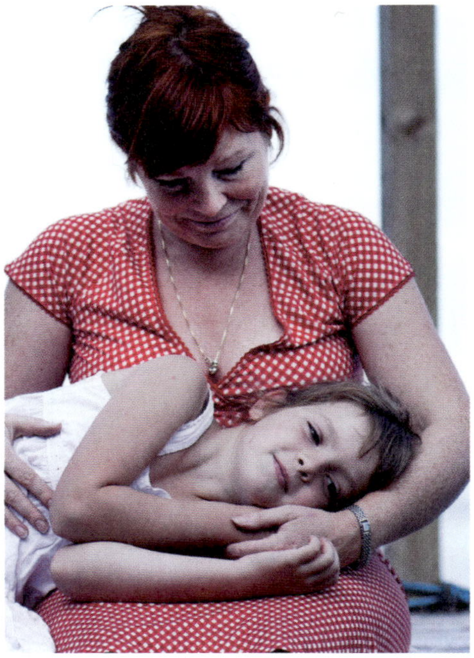

# Einfaches, schnelles Mittagessen

Nachdem ich die Kinder von der Schule abgeholt habe, gibt es immer ein schnelles Mittagessen. Da wir stets einen Bärenhunger haben, aber nicht genau wissen, was noch im Strandhauskühlschrank steht, kaufen wir immer für das folgende Rezept ein:
Fertiges Naan-Brot aufrösten. Tomaten, Gurke und Parmaschinken in dünne Scheiben schneiden und das Brot damit belegen. Salzen und pfeffern, dann noch mit Olivenöl beträufeln und mit etwas Chilisauce krönen. Köstlich!

# Gedanken

Was ist das Leben? Für mich sind es die Tage,
an die man sich erinnert. Tage, die nicht
so sind wie all die anderen, Tage mit Erlebnissen,
die einem ein Lächeln auf die Lippen zaubern.
Erlebnisse, mit denen man vielleicht gar nicht
gerechnet hat, und die einem viel bedeuten.
Erlebnisse, über die man sich freut, und die groß
oder auch klein sein können. Tage also, die zu einer
Erinnerung fürs Leben geworden sind.
Sorgen Sie für viele solcher Tage!

*Genieße die kleinen Dinge des Lebens, denn eines Tages wirst du zurückblicken und feststellen, dass es die großen Dinge waren.*

Ein wunderschönes Zitat und oh, so wahr! Zu den kleinen Dingen gehört zum Beispiel, in einem verzweifelten Augenblick von einem lieben Menschen fest gedrückt zu werden. Oder der Blick meiner Kinder, wenn ich sie von der Schule abhole. Oder ein Lachanfall im Auto auf dem Heimweg. Oder auch einfach nur ein schöner Ort, den man mit einem sehr lieben Menschen besucht.

Einige meiner schönsten Erinnerungen stammen von Reisen, auf denen es genug Zeit für die kleinen Dinge des Lebens gab. Zum Beispiel, den Kindern beim Spielen im Meer zuzusehen oder zu beobachten, wie sie miteinander umgehen. Oder irgendein lustiger Ausspruch. Oder aufzuwachen, wenn alle gemeinsam in einem Bett geschlafen haben und nun ausgeruht und gut gelaunt sind. Harmonische Tage.

Mit Kontrasten und unterschiedlichen Oberflächen bringen Sie Spannung in Ihren Garten.
Mischen Sie grobe und feine Dinge, und stellen Sie zum Beispiel eine feingliedrige Bank vor die unbehandelte Wand eines Nebengebäudes aus Holz oder alten Backsteinen. Auf diese Weise heben Sie beides hervor – das Feine und das Grobe.
Am liebsten mag ich Oberflächen, die die Farben aus dem Garten wieder aufnehmen oder die ordentlich Patina aufweisen.
Wenn Sie Farben verwenden, die auch in der Natur vorkommen, entsteht echte Harmonie. Zum Beispiel, wenn Sie einen unbehandelten Tisch aufstellen und blaue Stühle dazugesellen. Mit gelben Stühlen hingegen würde der Kontrast vermutlich zu kräftig werden. Langweilig soll es natürlich nicht sein, doch meiner Meinung nach sind Ruhe und Balance sehr wichtig.

# Patina, Strukturen und Oberflächen in den Farben der Natur

# Angegriffene Oberflächen und abgeplatzter Lack

Ich habe eine echte Schwäche für die Farben und Oberflächen auf diesen Fotos. Diese herrlich verschlissenen Dinge mit langer Geschichte sind wirklich echt und nicht auf alt getrimmt. Mit Farben, die an den Himmel und das Meer erinnern: Türkis und Blau.
Durch kontrastierende Oberflächen schafft man einen interessanten, ansprechenden Blickfang. Man sieht den Dingen an, dass sie schon viel erlebt haben, und sie bilden einen schönen Rahmen für das, was Sie in Ihrem Garten ausdrücken möchten. Ganz gleich, ob Sie einen kleinen Reihenhausgarten, einen alten, traditionellen Patriziergarten oder auch nur einen Balkon an einer Stadtwohnung Ihr Eigen nennen – der Garten oder Balkon sollte wie eine Verlängerung des Hauses oder der Wohnung eingerichtet sein. Auch im Garten kann man sich mit Formen, Farben, Möbeln und hübschen Accessoires eine angenehme Umgebung schaffen. Lassen Sie der Fantasie freien Lauf! Suchen Sie sich Anregungen in Zeitschriften und Büchern und legen Sie sich einen ganz persönlichen, stimmungsvollen Garten an. Eine einladende Oase voller üppigem Grün und mit vielen Farben sollte er sein. Stellen Sie rustikale Möbel auf und platzieren Sie eine alte Gießkanne wie zufällig in einer Ecke. Verleihen Sie Ihrem Garten mithilfe von hübschen Details in ansprechenden Farben einen ganz neuen Ausdruck.

# Zur Inspiration

Das Schönste am Verreisen sind für mich all die vielen neuen Eindrücke, die neuen Orte und auch die inneren Bilder, die diese erzeugen. Am liebsten machen wir Familienurlaube bei kleinen italienischen Weinbauern; möglichst an Orten, die zu Fahrten ins Blaue einladen. Dort lasse ich mich inspirieren und mache massenhaft Fotos.
Meist recherchieren wir schon zu Hause, was es in der Umgebung Interessantes zu sehen gibt. Andernfalls bekommt man auch vor Ort stets gute Tipps.

Die entspannte Stimmung, die auf Reisen herrscht, befeuert meine Inspiration und macht mich offen für neue Welten. Ich bin so dankbar, eine Arbeit zu haben, bei der ich reisen kann! Ich denke, dass der Sinn des Lebens darin liegt, es mit so vielen schönen Tagen und tollen Erlebnissen wie möglich zu füllen. Auch ein Spaziergang, ein schöner Ort oder ein leckeres Eis zählen dazu.
Stimmungen, Farben, Eindrücke – die Ruhe, die man am Urlaubsort findet, und die fremde Umgebung lassen neue Ideen sprießen.

PIAZZA
S. MICHELE
urandot

RISTORANTE
TULLIO (TRE CRISTI)

# Machen Sie anderen eine Freude!

## Schreiben Sie einen 

Setzen Sie sich an Ihren Lieblingsplatz im Garten und schreiben Sie einen Brief – so richtig wie früher mit der Hand! Senden Sie Ihn an jemanden, den Sie mögen, zum Beispiel Ihre Schwester, Ihre liebe Großmutter, die schon lange nichts von Ihnen gehört hat, oder an jemanden, der gerade auf einer langen Reise ist. Ein mit Liebe geschriebener Brief ist ein hohes Gut, das nicht in Vergessenheit geraten sollte. Ich selbst schreibe auch fast nur noch SMS, doch einen handgeschriebenen Brief zu erhalten, ist nach wie vor das Größte.

SÜSSSAURE RHABARBERSUPPE – *schön kalt und sommerlich*
**MÖGLICHST VOR DEM SCHLÄFCHEN** *in der Hängematte genießen*

# Kalte Rhabarbersuppe mit Vanillerahm

500 g Rhabarber in 5 cm lange Stücke schneiden.
Mit 1 l Wasser und 250 g Zucker in einem
Topf etwa 10 Minuten einkochen, dann abkühlen lassen.
Das Rhabarbermus durch ein Geschirrtuch abseihen und abschäumen.
300 g Sahne steif schlagen und mit je 1 TL
Zucker und Vanillezucker süßen.
Die Rhabarbersuppe in Schalen füllen und mit einem
Esslöffel Vanillerahm krönen. Dann kann der Sommer kommen.

PRODUCE

# Orangerie und zweites Wohnzimmer

Dieses hübsche Gartenhaus haben Jannie und Jesper aus Secondhandmaterialien selbst gebaut, die sie von verschiedenen Orten in der Umgebung zusammengetragen haben. Das Ergebnis ist beeindruckend schön geworden und wurde zudem noch an einem ausgesuchten Ort nahe am Haus platziert. Jannie hatte sich schon seit Jahren eine Orangerie gewünscht, und daher hatte Jesper sich darangemacht, Materialien dafür zu sammeln. Auch die Platten vor der Orangerie (namens Efesus) hat er selbst verlegt. Nachdem ich von diesem Projekt gehört hatte, wollte ich es unbedingt mit in dieses Buch aufnehmen und Ihnen vorstellen.

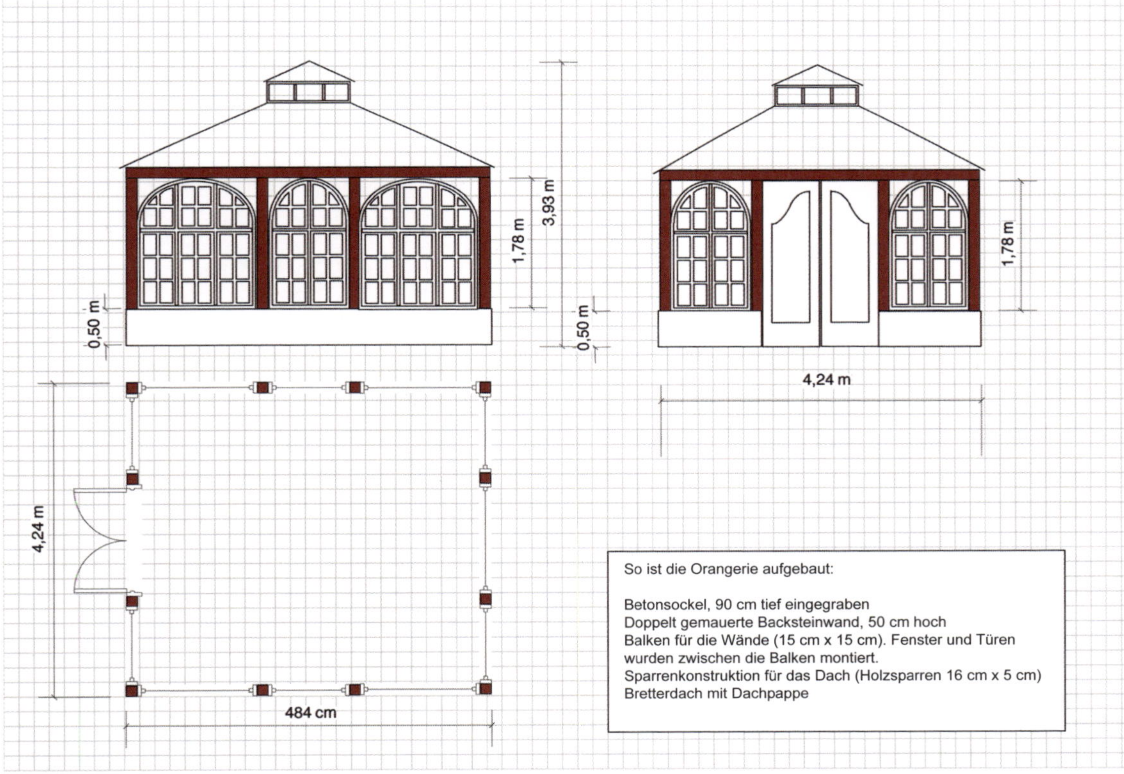


Die Innenmaße des quadratischen Gartenhäuschens betragen 4,80 m x 4,80 m. Die Spitze auf dem Dach stammt von Steffen Sørensen aus der Metalldrückerei Rødme im südfünischen Stenstrup – ein Spezialist für Spitzen.

# Ein Traum wurde Wirklichkeit

Jannies und Jespers wunderschöne Orangerie wirkt hell und harmonisch, obwohl die eingesetzten Fenster von ganz unterschiedlichen alten Gebäuden stammen. Die Fenster vorn und an den Seiten befanden sich einmal im Præstøer Bahnhof – ein schöner Gedanke. Das hintere Fenster (gegenüber der Tür) stammt von einem Herrenhaus in Roskilde, die Tür aus Kopenhagen. Die Fenster im Türmchen sind die Kellerfenster eines Hauses in Charlottenlund – dem Haus der Schwester eines Freundes. Die Fliesen sind italienisch, wurden allerdings in Hørsholm gekauft. Begonnen haben sie mit dem Projekt im Sommer 2010, und ohne irgendeinen Stress wurde es zwei Jahre später fertiggestellt.

Eine Sache hätten sie im Nachhinein anders gemacht: Sie hätten eine Fußbodenheizung installiert. Denn dann könnten sie auch im Herbst noch barfuß im Häuschen umhergehen.

Bei komplizierteren Dingen bekamen sie Unterstützung von einem befreundeten Zimmermann und einem anderen Freund, die zum Dank regelmäßig zum Essen eingeladen wurden.

In der Orangerie baut Jesper Chilis, Tomaten und Gurken an. Jannie wiederum hat ein paar Blumen und eine Bornholmfeige aufgestellt, um aus der Orangerie auch ein echtes Gartenhäuschen zu machen.

Vor der Orangerie steht ein alter Metalltisch mit vier passenden Metallstühlen vom Flohmarkt. Drinnen haben zwei gemütliche Korbstühle, ein kleiner Tisch und eine große Essgruppe Platz gefunden.
Sei es drinnen oder draußen, die Familie liebt es, in dieser hübschen Umgebung ihr Abendessen einzunehmen. Mit einer guten Tasse Kaffee ausgestattet, wird hier freitags auch gern die morgendliche Zeitung studiert.
Die Orangerie war ein Geschenk für Jannie, die sich lange einen Garten mit einer Gewächshaus- bzw. Orangerieatmosphäre gewünscht hatte.
Jannie und Jesper haben zwei erwachsene Töchter, die nicht mehr zu Hause wohnen, jedoch häufig zu Besuch sind.
In der Orangerie kann man die langen Sommerabende noch weiter in die Länge ziehen und mitten im Garten einen kleinen Ruhepol finden. Dort kann man Handy, Mails, Computer und den stressigen Alltag hinter sich lassen und einfach nur den Augenblick genießen.

DER HIT *im Spielhaus*
NACH EINEM LANGEN TAG *im Freien*

# Roggenbrotkugeln mit Schokolade und Haselnussmantel

½ l lauwarmes Wasser, 1 Päckchen frische Hefe, ca. 1 TL Salz, 1 Roggenbrotbackmischung für Vollkornbrote, 1 EL brauner Zucker und 200 g gehackte Zartbitterschokolade zu einem glatten Teig verkneten. Zu kleinen Kugeln formen, in gehackten Haselnüssen wälzen und etwa 30 Minuten gehen lassen. Im auf 175 °C vorgeheizten Backofen etwa 30 Minuten goldbraun backen. Mit Butter genießen. Auch für den Picknickkorb geeignet.

# Es duftet nach Lavendel

Mein Tipp: Bepflanzen Sie Ihren Garten oder Balkon mit massenweise Lavendel. Er duftet wundervoll und wirkt auf Körper und Seele beruhigend. Zudem lockt er neben Bienen, die zusätzlich noch Ihre Obstbäume bestäuben, auch zahlreiche Schmetterlinge und Libellen an. Besonders herrlich finde ich es, wenn der Lavendel wie eine Hecke in einer Reihe angepflanzt wird. Das zarte Violett der Blüten ist wunderschön, und stetig liegt ein wundervoller Duft in der Luft. Bei unseren Urlauben in Frankreich oder Italien finde ich es immer faszinierend zu sehen, wie üppig der Lavendel dort im warmen Klima gedeiht.

Aus Lavendel lässt sich übrigens ein köstlicher, beruhigender Tee herstellen. Im letzten Jahr steckte so eine Packung Lavendeltee in meinem Adventskalender, und ich habe ihn immer abends vor dem Zubettgehen genossen. Er wirkt tatsächlich beruhigend, und es ist etwas ganz Besonderes, etwas zu trinken und zu schmecken, das man sonst nur als Duft kennt. Angeblich soll man auch besser schlafen, wenn man einen großen Strauß getrockneten Lavendel im Schlafzimmer aufhängt.

Emily hat in Italien ausgiebig an den großen Lavendelbüschen geschnüffelt und diese kleinen schwarzen Schmetterlinge gefangen, die vom Duft angelockt worden werden.

# Die Vielfalt von Lavendel

Lavendel lässt sich auch beim Kochen, in Desserts oder als Aroma für Schokolade einsetzen. Oder man zupft die Lavendelblüten ab und streut sie über Salate, Fisch oder Eis. Eine besonders schöne Deko-Idee für ein Fest sind in Eiswürfel eingeschlossene Lavendelblüten.
Aufgrund ihres betörendes Dufts und der ätherischen Öle ist Lavendel ein beliebter Duftstoff in Seifen, Cremes und Parfüms. Erhältlich ist er in den Farben Rosa, Weiß und Violett, wobei letztere am meisten verbreitet ist.
Auch als Begrenzungspflanze eignet sich Lavendel gut, und wenn ich Leute beim Anlegen Ihres Gartens berate, ist er fast immer mit von der Partie. Häufig platziere ich ihn neben Wollziest und blauen, hellblauen und violetten Hortensien. Für meinen Geschmack eine wundervolle Kombination.
In Frankreich gibt es zudem herrlichen Lavendelhonig, den die fleißigen Bienen auf den Lavendelfeldern zusammentragen. Wer so ein Feld schon einmal gesehen hat, kann den besonderen Geschmack dieses Honigs schon erahnen. Die langen Reihen mit violett blühendem Lavendel, der sich sanft im Wind wiegt, sind ein ganz fantastischer Anblick.
Wen wundert es da noch, dass nach dem Lavendel auch ein Farbton benannt ist, der die Farbe der Lavendelblüte widerspiegelt. Er ist meine absolute Lieblingspflanze, und damit bin ich wahrlich nicht allein!

## LIEBLINGSSALAT – *köstlich im Klappstuhl bei einem Fußbad*
## GENIESSEN SIE DIE STILLE *und kommen Sie zur Ruhe*

Wenn man im Sommer die ersten zarten Salatblätter ernten kann, ist es Zeit für diesen herrlich schlichten, schmackhaften Salat.

1 Bund frischer grüner Spargel, in 2 cm lange Stücke geschnitten
300 g frische Erbsen, geschält
gemischter Salat
1 Salatgurke, klein gewürfelt
getrocknete Cranberrys, nach Belieben

### Dressing

2 EL Olivenöl, Saft von 1 Zitrone,
1 EL Dijonsenf, 1 TL Sojasoße und
etwas Salz und Pfeffer

# Gartenideen aus Südengland

Wer eine Reise durch Südengland unternimmt, sollte dort auf jeden Fall auf die vielen Schilder achten, die auf offene Gärten hinweisen. Als wir vor ein paar Jahren einen Familienurlaub nach Südengland unternahmen, konnten wir auf diese Weise viele schöne Gärten besichtigen. Manchmal trauten wir unseren Augen kaum, wenn wir sahen, welch stimmungsvolle Gärten sich hinter hohen Hecken verbargen! Hier ein paar Eindrücke von unserer Tour.
Die Engländer haben wirklich ein Händchen für schön angelegte Gärten mit vielen verwunschenen Eckchen. Sie pflanzen einfach eine Hecke oder einen Strauch auf eine bestimmte Weise, und der gesamte Garten erhält Perspektive. Zum Bau von Treppen und als Umrahmung eines kleinen Teichs werden alte Steine verwendet; kleine Wege führen dicht an Werkzeugschuppen vorbei und verwandeln die Szene in etwas Märchenhaftes. Stauden pflanzt man oft separat und lässt sie hoch aufwachsen. Ich könnte an solchen Orten stundenlang umherstreifen.
Wo man auch hinsah, überall gab es versteckte Winkel und Ecken. Alte Haussockel oder Mäuerchen wurden belebt, indem sie mit Schlingpflanzen berankt wurden.
Einmal stand eine alte Kirche so nah am Grundstück, dass man fast glaubte, sie gehöre mit zum Garten.
In England lernte ich, den Garten nicht zu geplant, sondern vielmehr zufällig und wild aussehen zu lassen. Gerade das verleiht Gärten oft eine besondere Stimmung.

PUBLIC
OOTPATH

Natürlich haben wir in Südengland auch Märkte und Trödler besucht und dort von Sandsteinfiguren bis zu großen Steintrögen und alten Fenstern für ein Gewächshaus oder eine Orangerie wirklich alles gefunden. Der Fantasie sind keine Grenzen gesetzt.
Ich war damals auf der Suche nach einer Spitze für mein Ladengewächshaus, doch diejenige, die auf dem Foto unten in der Mitte zu sehen ist, war leider zu kurz.
Wichtig an solchen Orten ist, sich viel Zeit zu nehmen und wirklich jeden kleinen Winkel zu durchsuchen. Hier, im „Fagins Antiques“, waren alle Dinge nach Kategorien geordnet, und so standen beispielsweise alle Fenster in einer Ecke und alle Kübel in einer anderen. Auf diese Weise war es leicht, die Übersicht zu behalten und gezielt nach etwas zu suchen.
Ich habe dort ein paar hübsche Sandsteinkübel und ein wunderschönes Eisentor gekauft. Dieser Laden ist wirklich einen Besuch wert!
Machen Sie auf Ihren Touren zu Gärten und Trödlern auch Halt bei Hofläden, wo man auf Delikatessen und kleine Cafés im Schatten von Apfelbäumen stoßen kann.

Informieren Sie sich vor Ihrer Reise nach Südengland zum Beispiel hier:
www.theguide-cornwall.com
www.visitbritain.com
www.visitsoutheastengland.com

# Ordnung zerstört die Fantasie.

Ich habe dieses Zitat einmal im Fernsehen gehört und musste es unbedingt mit in dieses Buch aufnehmen, denn es passt zu mir wie die Faust aufs Auge.
Kennen Sie das nicht auch? Sie sitzen mit Ihren Kindern am vorweihnachtlichen Basteltisch, doch erst, als alles auf dem Tisch liegt und ein Bindfaden und ein Knopf zufällig auf einem alten Stück Papier zu liegen kommen, fließen die Ideen. Bei mir gehen Chaos und Kreativität quasi Hand in Hand, und nur durch eine gewisse Unordnung gelingt es mir, Dinge plötzlich mit anderen Augen zu sehen.

## Auf der Suche nach dem Einzigartigen

Auf einem belgischen Trödelmarkt sind mir diese Gewächshausspitzen in die Hände gefallen, die nur noch in einer langen Reihe zusammengesetzt, auf eine Verstärkung geschweißt und auf einem Gewächshaus angebracht werden mussten. Mit ihrer Patina und ihrer Natürlichkeit machten sie das Gewächshaus zu etwas ganz Einzigartigem. Auch in unserem Garten steht ein Nullachtfünfzehn-Gewächshaus, das wir mit einer langen Spitze, die wir von einigen unserer besten Freunde als Hochzeitsgeschenk bekommen haben, in ein echtes Schmuckstück verwandelt haben.

# Orangerie mit Turm

Diese hübsche Orangerie, deren Bauzeit etwa drei Monate in Anspruch genommen hat, gehört Laila und Søren. Im September hatten sie mit dem Ausheben des Fundaments begonnen, im November war Richtfest, und im Dezember wurde der Turm eingeweiht.
Søren hat den überwiegenden Teil selbst gemacht, nur beim Ausheben des Fundaments hat er sich von einem guten Freund mit Minibagger helfen lassen. Søren war also zugleich Maurer, Zimmermann, Elektriker, Glaser und Schmied!
Die Backsteine, die Søren selbst von Mörtelresten befreit hat, stammen von einem alten Bahnhofsgebäude von 1901. Verarbeitet hat er ungefähr 1400 Backsteine.
Da beide sich vorgenommen hatten, für diesen Bau nur gebrauchte Dinge zu verwenden, sind auch alle Fenster alt. Die gelben, hochgebrannten Backsteine auf dem Boden lagen einmal auf der Terrasse von Lailas Schwester und Schwager. Der Turm war Sørens Idee. Sogar den Wetterhahn und die Spitzen auf dem Dach hat er selbst zusammengeschweißt.
Da Laila und Søren ähnlich verrückt nach alten Dingen sind, gehen sie gern gemeinsam auf Flohmärkte und haben immer irgendein Projekt in Planung. Unter anderem haben sie einen alten VW-Käfer und eine Vespa aufgemöbelt und machen damit im Sommer Ausflüge.

Laut Søren war die Umsetzung der Orangerie halb so wild – abgesehen vom Turm. Der dauerte am längsten und war am schwierigsten zu realisieren. Im Nachhinein würde er den Turm heute höher bauen und das Häuschen etwas größer gestalten als die vorhandenen 15 Quadratmeter Außenmaß. Innen ist der Raum nämlich viel kleiner, und es war schwierig, sowohl für die gemütliche Essgruppe als auch die vielen Pflanzen Platz zu finden. Am Schornstein hätte eigentlich ein alter Kachelofen installiert werden sollen, doch dafür fehlte leider der Platz.

Im Sommer stehen hier Tomaten, Chilis und verschiedene Kräuter.

SENTIER
DE LA RUELLE

# Inspirationen zu Weihnachten

In der Weihnachtszeit lebt Laila ihre kreative Ader aus und bastelt Kränze und Weihnachtsschmuck für die Orangerie, während Søren sie mit *gløgg* (Glühwein) und dem dänischen Weihnachtsgebäck *æbleskiver* (Förtchen) verwöhnt. Die hübsche Weinranke im Innenraum begrünt das Dach fast das ganze Jahr über.

Laila und Søren sind über ihren kleinen Rückzugsort sehr glücklich. Wenn sie zu Weihnachten Gäste haben, wird hier gegessen, und trotz der dicken Socken und der warmen Pullover, die dann nötig sind, ist es immer sehr gemütlich. Falls es doch zu kalt wird, werden einfach noch mehr Kerzen angezündet.

han har in gen
han har in gen
jeg er in gen.

Glædeli
Jul

# Danke

Lars, Emily und Camille – für mich stehen sie für Inspiration, Geborgenheit und Liebe.

Es gibt so viele, denen ich danken muss …

Meiner Familie, meinen Freundinnen und Freunden, Kunden in meinem Laden „Honning og Flora“, allen Familien, die mir für ein Fotoshooting die Tür zu ihrem Gartenhäuschen geöffnet haben, und all denjenigen, die mich bei meinen Ideen und Erfindungen unterstützen. Sicher habe ich irgendjemanden vergessen, doch ihr seid alle in meinem Herzen, und ihr wisst ja, dass ihr gemeint seid.

Tia, die wundervolle, gut gelaunte und supertalentierte Fotografin. Wieder einmal hat sie viele der Fotos in diesem Buch gemacht. Wir zwei brauchen keine Worte, um uns zu verstehen – wir sind fast wie ein altes Ehepaar und ahnen schon, was der andere als Nächstes tun wird.

Mein Vater Otto, der sich jedes Mal, wenn wir auf Fotosafari sind oder im Ausland Trödelmärkte besuchen, liebevoll um unsere Töchter kümmert.

Meine Mutter und Kollegin Birgitte, die stets ein offenes Ohr für all meine Ideen hat, mich immer unterstützt und mir manchmal auch einen kleinen Schubs gibt.

Mein kleiner Bruder Kasper, der stets die Türen der Druckerei K. Larsen und Söhne (KLS Grafisk Hus) für mich öffnet, damit ich meine Bücher realisieren kann.

**Impressum**
Für die deutsche Ausgabe:
Übersetzung: Melanie Schirdewahn
Satz und Covergestaltung: Arnold & Domnick, Leipzig
Korrektorat: Carola Köhler
Programmleitung & Produktmanagement: Susanne Klar, Christine Rauch
Druck & Bindung: Neografia, Slowakei



Die dänische Originalausgabe erschien unter dem Titel „Genbrug under åben himmel" bei Honning og Flora.

Herausgeber: Honning og Flora
Text: Rikke Larsen
Fotos: Tia Borgsmidt
Layout: KLS Grafisk Hus A/S
Druck & Bindung: Sandersen Clément Bogbinderi A/S



1. Auflage 2015

ISBN: 978-3-7724-7346-3 • Best.-Nr. 7346